趣味科学丛书

趣味气象

钟 成 编著

上海辞书出版社

图书在版编目（CIP）数据

趣味气象 / 钟成编著. —上海：上海辞书出版社，
2020

（趣味科学丛书）

ISBN 978 – 7 – 5326 – 5626 – 4

Ⅰ. ①趣… Ⅱ. ①钟… Ⅲ. ①气象学—普及读物
Ⅳ. ①P4–49

中国版本图书馆 CIP 数据核字（2020）第 141705 号

趣味气象 qu wei qi xiang

钟 成 编著

责任编辑	于 霞
装帧设计	陈艳萍

出版发行	上海世纪出版集团 上海辞书出版社（www.cishu.com.cn）
地 址	上海市陕西北路 457 号（邮编 200040）
印 刷	上海盛通时代印刷有限公司
开 本	890×1240 毫米　1/32
印 张	6
字 数	148 000
版 次	2020 年 9 月第 1 版　2020 年 9 月第 1 次印刷
书 号	ISBN 978 – 7 – 5326 – 5626 – 4/P·29
定 价	20.00 元

本书如有质量问题，请与承印厂质量科联系。电话: 021 – 37910000

目　录

大气运动不息

云雾雨雪别样多

奇妙的光声电现象

巧辨天气

气象改变生活

呼风唤雨

丰富多彩的气候

中国气候

气候变迁

大气运动不息

daqiyundongbuxi

大气有多重

20 世纪初，在英国发生过一件买卖空气的怪事。

当时，飞机刚刚问世，人们对飞行员十分敬重。有一次，一位飞行员驾驶一架飞机从法国起飞，飞越英吉利海峡，到达英国。飞机在英国的一个小镇附近降落，飞行员受到当地人们的热烈欢迎。人们把他当作英雄，许多崇拜者在饭店里设宴招待他，不少人闻讯后特地从远方赶来，请他签名留念。

当时，有一位商人也在其中。这位商人财迷心窍，便灵机一动，想到饭店里的空气也因为飞行员的呼吸而一定十分值钱，如果把这饭店内的空气装入小瓶，当作纪念品出售，销路一定很好，收入肯定十分可观。商人立即把饭店老板叫了过来，说要把这饭店内的空气全部买下来。老板听后感到不可思议，可是望着商人那一本正经的样子，只好说："好吧！每 1 立方米 10 元，整个饭店内的空气就算 1 000 立方米，你就付 10 000 元吧！"

可是，商人讨价还价："卖空气哪能论体积，应该按质量。每 1 000 克空气，我付 10 元。"老板心想，反正空气会不断地流来，也就痛快地答应了。这时，老板的一位朋友对他说："你真傻，你给商人骗了。空气能有多重呢？你把整个饭店里的空气全卖给他，也得不到几个钱。再说，空气怎么个称法呢！"老板听后不知所措。后来，由于无法称出空气质量，结果买卖没有成功。

那么，商人与老板谁吃亏了呢？我们不妨来算一下。据测定，

在 0℃和 1 013 百帕（1 标准大气压）压力下，空气的密度为 0.001 29 克／厘米^3。近地面的空气密度与这个数据差不多。这样，一下子可以算出来了，1 立方米空气质量为 1 290 克，所以商人要按质量买空气，实际上反而吃了亏。

大气是看不见摸不着的，但是它与其他物体一样有质量，而且不可低估。根据粗略的计算，地球大气的总质量为 5 140 万亿吨。

神奇的大气压

最早注意到空气有质量的是意大利科学家伽利略。他将一个空瓶（当然里面有正常气压的空气）密封起来，放在天平上，与一堆砂子平衡。然后，他用打气筒给那个瓶子灌气，并再次加以密封。伽利略把这只瓶子再放到天平上去，这时天平失去了平衡，只有再往砂堆里添加一两颗小砂子，天平才会平衡。伽利略推断，瓶子质量增加是因为里面的空气增多了，因此，空气是有质量的。

很早，人们就注意到，用来输送水的虹吸管，当它跨越高度为 10 米以上的山坡时，水就输不上去了；在超过 10 米深的井里，抽水泵就不起作用了。人们也知道，只要把水管里的空气抽走，造成一个真空，那么水就会沿着水管往上流。当时，人们无法解释水为什么会往上流，就借用古希腊学者亚里士多德的名言"大自然讨厌真空"来解释。粗略一想也对，大自然是不让真空存在的，一旦真空出现就让水来填补。可是10米以上也存在真空，为什么水到了10米高的地方就再也上不去了呢？对此，伽利略只能解释说大自然的那种"厌恶"是有限度的，对10米以上的真空，它就不厌恶了，因而水就再也抽不上去了。"智者千虑，必有一失"，伽利略对抽水问题的解释过于牵强附会。

伽利略的学生托里拆利把老师的思想向前推进了一大步。他认为，既然空气有质量就会产生压力，就像水有质量会产生压力和浮力一样。正是空气的压力把水从管子里往上压，压到10米的高度时，水柱的质量正好等于空气的压力，水再也压不上去了。为了证实这一点，托里拆利设计了一个实验，并让自己的助手维维安尼帮助去做。

要用10米高的水柱做实验是很不方便的，因为它有三四层楼那么高。怎样观测呢？托里拆利聪明地利用相对质量为水的13.6倍的水银来做实验。他让人制作了一根1米长的玻璃管，一端封闭，一端开口。维维安尼将水银灌满管子，然后用手指堵住开口的一端，将管子颠倒过来使开口的一端朝下，再放进一个盛满水银的陶瓷槽里。当他放开按住管口的手指时，管里的水银很快下降，当水银面降到76厘米高度时，就不再降低了。换算一下就可以得出，76厘米高的水银柱产生的压强约等于10米水柱产生的压强。这个实验表明，水银槽里水银表面所受到的大气压强，约等于76厘米高的水银柱所产生的压强。

大气有质量就会给地面以一定的压力。每单位面积的地面上承受的大气柱的质量，也就是大气柱施加在单位面积上的压力，就是气象学上所谓的气压。

托里拆利设计的这个实验装置,成了世界上第一个测量大气压强的气压计。后来,气象报告中的气压单位也曾沿用多少厘米(或毫米)水银柱高来表示。

大气压有多大

1654 年的一个春日,阳光明媚,在德国马德堡郊外的一个大草坪上,数千人正在欢乐。这天,德国皇帝、皇后也在这里观看赛马和跳舞。一会儿,马德堡市市长盖利克要求为皇帝助兴,表演一出科学游戏。皇帝欣然同意。

只见盖利克取出两个铜制的半球,双手将这两个半球"啪"地一下子合了起来。他的仆人迅速地递上一个小唧筒,几下子就把里面的空气抽光。然后,盖利克用两根又粗又结实的绳子系在半球两侧的环上,招手叫来两名身强力壮的大汉,一边一个,拿着绳子向相反方向使劲地拉。两位大汉拉得脸色通红,但那两个半球仍然牢牢地合在一起。皇帝看得发愣了,两个随便合在一起的半球,怎么会贴得牢不可破,连两个人都拉不开?盖利克又叫来四名大汉,每边三个人,使劲拉,可还是拉不开。

皇帝十分惊讶,命令仆人牵来四匹骏马,代替四位大汉。球的每一侧环上系上两根粗绳,套上两匹马。两名骑手挥动鞭子,四匹骏马长嘶一声,马蹄蹬踏起来。可是,那铜球依然没有分开。盖利克不断地增加马匹,直到每一侧加到七匹马,还是没有分开铜球。最后,盖

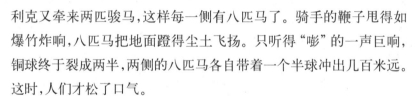

利克又牵来两匹骏马,这样每一侧有八匹马了。骑手的鞭子甩得如爆竹炸响,八匹马把地面蹬得尘土飞扬。只听得"嘭"的一声巨响,铜球终于裂成两半,两侧的八匹马各自带着一个半球冲出几百米远。这时,人们才松了口气。

皇帝问道:"你变的是什么戏法,这两个半球怎么会吸得那样牢固?"

"陛下,两个半球相互吸引的力没有那么大,而是外面的大气压力把两个半球紧紧地压在一起。"

"那么,你知道这大气压力有多大?"

"按照托里拆利的计算,大气对每平方厘米的物体表面的压力大约是 9.8 牛。半个小球的表面积为 1 978 平方厘米,所以大气对半球的压力大约是 19 384 牛。现在,用八匹马来拉,每匹马至少要使出 2 423 牛的力才能将它拉开。"

皇帝听了以后迷惑不解:"那我们居住的皇宫怎么没有被压坏呢?"

"请陛下放心。铜球拉不开,是因为我把它抽成了真空。而陛下的皇宫有门有窗,空气可以流来流去,不会形成真空,上下左右的压力互相抵消了,所以不会被压坏。"

"那么,我们每一个人不也要被压瘪了?"人群中有一位年长者大声问道。

"我们人的表

面积大约为 2 平方米,所以我们每一个人每时每刻都受到 19.6 万牛的压力。但是,先生不必担心,你有口有鼻,所以你的体内也不是真空,不会被压瘪。"

大家听了盖利克的介绍,一场虚惊解除了,个个脸上又露出了笑容。皇帝叫随从取来美酒,嘉奖盖利克的精彩表演。

贸 易 风

古代航海家使用的帆船,全靠风力吹送。人们很早就发现,地球上有些地带的风向几乎是全年固定不变的,称为"定向风"。

哥伦布是第一个全面了解并充分利用大西洋中有规律风系的探险家。他从小就迷恋于船舶和航海,自称从 14 岁起就开始航海事业。在发现新大陆前,他已有几次航海经验。他知道低纬度地区总是吹东风,较高纬度地区则经常吹西风,所以哥伦布寻找新大陆的第一次航行,是沿着加那利群岛(约北纬 28°),巧妙地借助东风向西驶去的。但是,在返回西班牙时,他精明地先向北驶到亚速尔群岛沿海(约北纬 39°),然后才张满风帆,乘着浩荡的西风返回欧洲。

哥伦布利用的这种低纬度东风,南北半球都有。北半球以东北风为主,南半球以东南风为主,年年如此,挺讲信用,因此,被人们称为"信风"。古代商人借信风,来往于海洋上,进行贸易活动,所以信风又被称为"贸易风"。

自从发现新大陆之后,欧洲商人争先恐后组织大批船队,把马运往美洲,因为那儿没有马,运输和农耕都很不方便。奇怪的是,

当船队穿过信风带沿着北纬30°附近大西洋航行时,海面上常常死一般的寂静,连一丝风也没有,闷热异常。靠风力推动的帆船只好无可奈何地在原地打转,有时一等就是10天甚至半个月。时间长了,许多马匹因缺少淡水和饲料而死亡,水手们一时吃不掉那么多的马肉,最后不得不把死马抛进大海。这种情况在南纬30°附近海面也屡有发生。当时海员们恐惧地把这一无风地区叫作"马的死亡线",又称为"马纬度"。可是,当跨过了马纬度,进入中纬度海域,在南北纬40°～50°附近,马上又会遇到与低纬度风向相反的西风,风猛而且稳定,常达到11级(即暴风级)以上,在海上掀起狂涛巨澜,人们形象地称之为"咆哮西风带"。到极地地区,风向又转为常年东风。

上述情况实际上是大气环流的"七个气压带六个风带"的具体表现。大气环流是一部奇特的超巨型"热机"。这部"热机"的"发热器"在赤道地区,即赤道上空的高温大气;"冷凝器"在北极地区,即极地上空的寒冷大气。

以北半球为例,在赤道地区的高空,大气是由南向北运动,而科里奥利力就像"魔鬼"一样伴随着,迫使气流右偏,南风逐渐偏转成西南风。这股气流在到达北纬30°附近上空时,风向已经偏转到与纬线平行,再也不能继续向北流动,于是空气就在北纬30°左右高空停顿堆积起来,产生下沉气流。空气下沉过程中,气温不断升高,水汽蒸发殆尽,天气多晴热干旱、弱风甚至无风,此区即为副热带高压区。16世纪令商人大惊失色的马纬度,即在副热带附近。下沉聚积在副热带的地面气流,一部分向南流回赤道,由北风偏转成东北信风,构成低纬环流圈;另一部分向北流,偏转成西南风,即盛行西风。与此同时,从极地高压带地面向南流的气流,向右偏转成东北风,即极地东风。向北吹的盛行西风和向南吹的极地东风,在北纬60°交

锋，互不退让，只得上升，形成副极地低气压带，并构成中纬环流圈和高纬环流圈。南半球反之。这样地球上就形成"七个气压带六个风带"的大气环流。

风 暴 角

　　1487年8月，葡萄牙航海家巴托罗缪·迪亚士奉国王若奥二世之命，带领三艘小船沿非洲西海岸向南航行，希望能找到一条通往东方的新航线。他们在前往厄加勒斯角途中，遇到了强大的风暴，大风把这三艘小船向南吹了整整16天。他们在迷途中寻找陆地时，无意中发现了一个岬角，并绕过它进入了印度洋。迪亚士原想继续前进，只因海员们一想到狂风恶浪就害怕，对这种冒险生涯产生了厌烦心理,迪亚士被迫返航。可是,当他们返航途中再次绕过这个岬角时,却遇到了比来时更恶劣的天气,他们与风暴进行了顽强搏斗后,好不容易才回到了里斯本。迪亚士一想到那危险的情景,就想给这个岬角起名"风暴角"。可是,国王不同意这个不吉祥的名字,他认为这个岬角的发现是个好兆头,因为葡萄牙的势力范围从此可以扩张到东方的黄金之国——印度和中国了。于是,国王就给这个岬角定了"好望角"的美名。

位于非洲西南端的好望角,确实是一处名副其实的"风暴角"。因为这里地处盛行西风带,风力很强,常超过 11 级。绕过好望角的航线在南纬 40°附近,从南纬 40°一直到南极圈的这一带是海洋,强劲的西风在广阔无垠的洋面上畅通无阻,摩擦力也很小,所以风力可达 11 级,甚至超过 11 级。强西风掠过洋面,掀起滔天巨浪,浪借风势,使这里成了骇人的"风暴角"。海流遇到好望角陆地的侧向阻挡作用,又增强了巨浪的势头。在这里,一年中约有 110 天处于狂风恶浪的肆虐下,海浪一般高达 6 米,最险恶时可达 15 米以上,常常造成海难事件,难怪人们把绕过好望角的航线视为畏途。

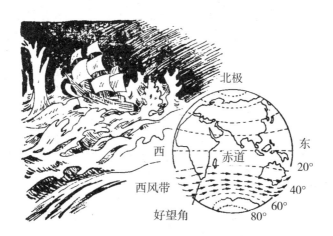

高空急流

　　第二次世界大战期间，在苏联空军作战部队中曾发生一件使飞行员困惑不解的事：一名苏联空军驾驶员，根据空军作战部的命令，驾驶一架重型轰炸机冲向天空执行任务。飞机沿着预先制定的航线以 300 千米每小时速度高速地航行着。突然间，飞机像飘浮在空中似的停止不动了。驾驶员急忙检查机上的一切仪器设备，结果没有发现故障。飞机为什么会突然悬停在空中呢？正当驾驶员百思不得其解时，飞机又慢慢地向前飞行，如同一名疲惫的水手在顶着大风大浪划着双桨一般，需要努力挣脱一种无形的力量。同样的现象在美国的空军作战部队中也出现过。当时，美国飞行员还以为是敌对国家使用了什么新式秘密武器。

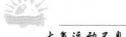

这种神秘莫测的现象，很快被气象学家解释清楚。原来它是一种常见的自然现象，飞机之所以在空中停止飞行，是由于正好遇到了大气中的急流。

人类居住的地球，表面被一圈大气包围着。大气圈底界为地面，越向上大气的密度越小。根据大气的特性，人们又把它划分成若干层：从地面到 10 ～ 18 千米的这一层，为大气的最底层，称为"对流层"；对流层以上到约 50 千米的高空，称为"平流层"；平流层以上到约 85 千米的高空，称为"中间层"；中间层以上，称为"热层"。

大气急流常发生在"层界面"上，即对流层上部与平流层底部之间。它是在冷气团与暖气团相接触的地方产生的，流程和范围不固定，长几千千米，宽几百千米，厚几千米。它的速度很快，可达 78 ～ 80 米每秒，像一条悬在高空的大气河流，奔腾不息。第二次世界大战期间，轰炸机飞行的速度为 150 ～ 300 千米每小时，而大气急流的速度为 250 ～ 300 千米每小时。这样，当轰炸机被迎面而来的、与它的飞行速度几乎相等的大气急流阻挡时，便会悬停在空中。如果轰炸机飞行速度超过大气急流的速度，轰炸机便会缓慢前进；如果大气急流的速度超过轰炸机飞行速度，轰炸机便会后退。现今，飞行员遇到这股"神风"时，已不再惊慌失措了。相反，飞行员会伺机加以利用，在大气急流推动下，提高飞行速度。

寒潮爆发

每年冬天，常有势力强大的冷空气自极地和寒带呼啸南下，所经

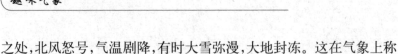

之处，北风怒号，气温剧降，有时大雪弥漫，大地封冻。这在气象上称为"寒潮"。中国大部分地区每年晚秋到早春经常受寒潮的侵袭。

寒潮爆发南下，常给人们带来大灾大难。历史上，拿破仑和希特勒都尝过强冷空气突然袭击的苦头。

1812年6月，拿破仑领兵60万进攻俄国，一开始势如破竹般地占领了俄国的大片土地。在胜利面前，拿破仑得意忘形，忘却了战争胜败还与天时地利有关。他得意之时，万万没有料到有一股势力很强的冷空气正在向他扑来。11月初，天气骤然变冷，强冷空气捎来的大雪封锁了整个俄罗斯。结果，每天有数千法国兵马被冻死。拿破仑不得不于12月下令撤军，仓皇逃离，最后只剩下2万余士兵，损失50多万将士，拿破仑也几乎是只身逃回巴黎。

100多年以后的1941年，第二次世界大战期间，希特勒重蹈拿破仑的失败之路。起初，希特勒企图利用夏秋季有利的天气条件，以闪电战一举攻占莫斯科。岂料，强冷空气提前来袭，使希特勒计划完全落空。11月初，强冷空气使俄罗斯大地冻结，气温下降到-8℃。12月初，莫斯科气温一下子又降到-30℃。莫斯科城外的180万德军没有冬衣，十几万官兵在严寒中被冻伤、冻死；一些武器装备在严寒的天气下也不能发挥作用；大炮上的瞄准镜失效；燃油冻结，汽油变得更加黏稠而不能使用。本来，希特勒想在寒冷天气到来之前结束战争，万万没有想到强冷空气打乱了他的如意算盘，希特勒的进攻不得不以失败告终。

突然发作的强风

　　1878年3月的一天傍晚,在英国的一个军港码头上,人们正按时等候着战舰"厄里迪卡"号远航归来。那天下午虽然天空阴沉,海面却风平浪静。傍晚6时前后,战舰距离码头只有约1千米的航程了,舰上的官兵已能隐约地看到码头上迎接他们的人群。正当他们为即将与亲人团聚而分外高兴时,不料,霎时间,狂风大作,雪花纷飞,海浪滔天。这场令人畏惧的暴风雪持续了四五分钟以后,又突然停息了,天空一下子转为晴朗,海面也恢复了平静。但"厄里迪卡"战舰在海面上消失得无影无踪。几天以后,潜水员才在港口外海底找到了这艘失事的战舰。

　　这是怎么回事?原来,"厄里迪卡"号战舰遭受到一场在气象上称为"飑"的突然袭击。飑是一种突然发作的强风,来势凶猛,消失也快。飑常常发生在冷锋过境的时候。冷气团推着暖气团前进,迫使暖气团上升、冷却,在冷锋过境前10多分钟,天空中形成了一片浓黑的积雨云。接着,天色突然变得黑沉沉,乌云在空中翻滚,天昏地暗,雷电交加或风雨大作,所下的雨滴粗大,有时还夹有冰雹。飑的风力一般为6～7级,最大时可达12级以上。飑袭击突然,移动快速,给人们的生命财产造成重大损失。

　　现在,飑是可以预测到的。当飑即将来临时,天空景象有明显的特征:乌云布满天空,每一个云体都向下突起,云的排列如同滚轴一般。当频繁的闪电出现时,表明飑已经来临。气象工作者会仔细观

测,增加观测次数,利用气象雷达监测,与周围气象台加强联防,一旦发现有刮大风下雷雨的征兆,立即通知中心气象台,然后将消息转发各地。气象台还会充分利用气象卫星连续拍摄的云图,对飓的发生、发展、移动、消亡进行追踪研究。

一百多年前,飓的观测、预报水平还很低,"厄里迪卡"号战舰也就难逃厄运了。

龙 卷

生活在海边的人,有时会看到一种奇异的天气现象:天空中浓密的雷雨云中,有时会伸出来一条黑色的尾巴,古人称它为"龙";它像一个巨大的漏斗,迅速伸向海面,水面立刻竖起一根水柱,云水相接,十分壮观,人们称它为"龙吸水"。实际上,它是一股猛烈的旋风,和"龙"没有关系。不过,世代相传,气象学上也就称它为"龙卷"了。

这种发生在海洋上的龙卷,叫"海龙卷";发生在陆地上的龙卷,叫"陆龙卷"。一般而言,龙卷多见于大陆沿海和海岛。

美国是一个多龙卷的国家。龙卷移来时的情景十分恐怖。1920年秋的一天,在美国中部,一所学校正在上课。突然,师生们听到远处一阵怪声,接着教室内越来越暗,怪声越来越响,好像附近有几千条蛇在嘶嘶作响。孩子们惶恐不安,聚集在老师身边。一会儿一声巨响,门窗全飞,一股旋风冲进教室,将教室和师生全部卷向空中。师生们在空中飞行了一段距离后掉到地上。幸好没有一人死亡,他们躺在田野上,渐渐地从昏迷中苏醒过来。老师回忆当时的情景说:"好像有一只无形的手把我和孩子、桌子一起抓到空中,我们都飞了起来。有些学生在我身边转了几个圈。我吓坏了,昏了过去。"原来,这些都是龙卷的恶作剧。

龙卷的范围并不大,一般在几十米到几百米之间;持续时间也不长,一般为几分钟到几十分钟,最多不超过几个小时。但是,由于它是一股高速旋转的空气,中心气压极低,所以风速很大,往往高达几十米每秒至一百多米每秒,甚至大到200米每秒!

龙卷的破坏力异常惊人,所到之处,狂风暴雨,巨浪汹涌,惊涛

拍岸。它可以把 20 吨重的大锅炉卷到 500 米以外的地方，甚至可以把 110 吨重的储油桶轻而易举地卷到 15 米高空，摔于 120 米外；还能把千百吨海水吸向空中；它会使一些地方莫名其妙地下起"鱼雨""麦雨""青蛙雨"和"银币雨"；它能将大树连根拔起，使小县城变为一片废墟。1925 年 3 月 18 日，美国出现了一次强龙卷，时速达 96.6 千米，行程达 354 千米，造成大量财产损失，使 689 人死亡，1 980 人受伤。这是世界上迄今记录较为详细的最强大的一次龙卷。

台 风

2005 年 8 月 28 日，飓风"卡特里娜"以 282 千米每小时的速度扑向美国新奥尔良市，狂风和暴雨造成 1 000 多人死亡，整座城市几乎成为空城。这场飓风导致美国下半年的经济增长下降 1 个百分点，损失约 1 500 亿美元，使数十万人失业，被列为美国历史上十大灾难之一。

北美所谓的"飓风",就是我们所称的"台风"。那么,台风是怎样的一种风呢?

台风是生成在热带海洋上的空气旋涡,中心的气压很低,中心附近的气压差很大。由于气压差很大,因而台风中心附近的风速很大,最大风速常常达到 40～60 米每秒,个别台风的最大风速可以达到 110 米每秒。从人造卫星拍摄到的台风云系照片来看,台风云系呈螺旋形,云带一圈圈地旋向中心。在台风里,地面附近的空气从四周向中心流入。流入的空气由于与海面接触,所以含有丰富的水汽。低空空气流入中心后,加速旋转,并螺旋式地上升。在上升过程中水汽凝结,形成大量高耸的云层。

台风中心是一个气压很低、风速很小、云层比较薄甚至晴朗少云的区域,叫"台风眼"。台风眼里空气下沉,气温比较高。

台风眼周围是风雨区。在这个区里,空气大量旋升,形成几十千米宽、十几千米高的垂直云墙。云墙下面天气极为恶劣,狂风暴雨势不可挡。

在风雨区外是大风区。这里的风雨虽然不如风雨区里的那样大,但风力还是比较大的。

台风形成之后,就要向西、向北运动。影响中国的台风移动路径很复杂,但可以归结为三类:第一类,台风经南海,在广东沿海、海南岛或越南登陆;第二类,台风登陆台湾后,横穿台湾海峡,后又在福建、浙江一带登陆,或者穿过琉球群岛,在浙江、江苏一带登陆后向东北方向移去;第三类,台风径直朝日本方向移去。

台风形成后,一面旋转,一面前进,当移动到纬度比较高的地方或登陆以后,一方面由于地面的摩擦作用,另一方面由于水汽供应骤然减少,热量来源缺乏,因而逐渐消亡。

台风带来的降水量极大,200～300 毫米的滂沱大雨是常见的。

曾经有一个台风在菲律宾竟下了 2 500 毫米的特大暴雨。台风的破坏力也很大,因为它的能量太大了。因此,要想把一个强台风摧毁,大约需要 200 颗 100 万吨 TNT 当量的氢弹。

中国东南沿海是世界上受台风影响比较严重的地区之一,主要受西太平洋台风、南海台风的影响。西太平洋台风活动时间主要在 7—10 月份,最多是在 8 月份和 9 月份这两个月。登陆中国的台风平均每年约有 7 个,最早登陆时间是 5 月上旬,最迟登陆时间是 11 月底,大约有一半的台风在浙江温州和广东汕头之间登陆。

变色大风

1986 年 5 月 19 日,新疆哈密地区刮起一场猛烈的东南风。大风过处,沙石铺天盖地,天空一片灰暗,并伴随着令人胆颤心惊的呼啸声。从室内透过玻璃窗向外张望,只见天空变成茶色,茶色时淡时浓,时明时暗。天空呈红茶色时,室内昏暗得无法看书读报;过了一会儿,天空又变成淡茶色,室内变得明亮起来……周而复始,变化很快。更奇怪的是,室内地板上、桌子上都沉积了一层红色的细粉末,还混有闪闪发光的白色沙粒。

这次变色大风持续约 30 小时,给哈密人带来灾难:市区停电,工厂停工,商店关门,学校停课,电信中断,列车被困,交通瘫痪。当地居民从未见到过这种变色大风,人们惊慌不已,纷纷打电话给广播电台,要求解释。

原来,这天整个塔里木盆地上空是一个低压区。在这低压区内,空气猛烈上升,四周的空气随之快速地向中心汇集,于是形成大风。低压区内,空气一面向中心汇合,一面作逆时针方向旋转,形成一个巨大的空气旋涡。哈密处于该空气旋涡的东北方,因而刮的是东南大风。由于新疆地区,尤其是塔里木盆地四周的空气十分干燥,以致地面上有一层厚厚的浮土和沙石,猛烈的大风将沙石、浮土卷向空中,刮到很远的地方。大风将敦煌、安

西、柳园、红柳河一带的红色细土刮到哈密,使天空呈茶色。风时弱时强,所以天空茶色时淡时浓,室内时明时暗。另外,这些地方有云母矿、石英砂、磷灰石等矿物,这些物质有玻璃光泽,或能闪光,因而红色细粉末中夹有不少闪光的小沙粒。

哈麦旦风

　　非洲几内亚湾沿岸是个炎热多雨的地方。可是,有时也会刮起一阵火一般的干风。这种风吹来时,天空中弥漫着大量的尘埃、沙粒,天空变得阴暗,稍远一点的房屋、树木都看不见,附近的机场关闭。这种风一刮就是几十小时。风停之后,道路、屋顶、树木表面都

抹上了一层红色,天空也变得红彤彤,原来绿色、湿润的地方一下子变成了一片红色、干燥的世界,植物枯死,人们的皮肤、指甲也会开裂。当地人称这种风为"哈麦旦风"。哈麦旦风刮来时,人们惊恐万状,四处奔走。

原来,这股风来自撒哈拉大沙漠。风把那里的干热空气、红色尘埃带到了几内亚湾的上空。这股风有时也会越过地中海,吸足水分,吹到西班牙、法国、意大利,成为一股闷热潮湿的风。它常使人们的反应失常,造成事故。曾有个德国人,在慕尼黑驾车造成了严重事故。他在法庭上申辩说,当时正刮着哈麦旦风,因此反应失常,请求宽恕。但是,法官还是作出了严厉的判决,理由是你明知这种风会误事,更应该小心谨慎地驾车。

大气"瀑布"

在名山大川中,常常出现"银龙飞舞,匹练垂空"的壮丽瀑布景观。它们是水流流过山岭,从悬崖峭壁上凌空倾泻而下形成的。而风遇到山脉阻挡时,便被迫沿着迎风面的山坡爬升,然后翻越山脊,再沿着背风面的山坡飞泻而下,犹如奔腾的瀑布一般,形成大气"瀑布"。

凡是大气"瀑布"经过的地方,山前与山后的自然景观截然不同。

位于欧洲的阿尔卑斯山脉,这种景象特别显著。当你从意大利的米兰乘坐火车穿越阿尔卑斯山脉的辛普隧道时,便会领略到这种大气"瀑布"的威力。如果山南的米兰在下雨,当火车行驶到隧道附近时,看到的往往是如注的倾盆大雨,并且寒气袭人;可是,当火车穿过隧道来到山北的瑞士时,看到的却是另一番景象:南风阵阵,碧空万里,干热难熬,真是"山前山后两重天"。

这是一种什么风?气象学上称为"焚风"。它是由一股从山顶沿山坡向下吹的热风。气流翻越山脊沿山坡向下流去,每下降 100 米,气温升高约 1℃。由于它既干又热,因此,凡是它光顾过的地方,仿佛火烧过似的,"焚风"也就由此而得名。

焚风盛吹时,一天之内气温可升高 20℃以上,会使初春顿时变成盛夏;如发生在夏季,天气会变得更加闷热。焚风所到之处,常使果木和农作物干枯,产量大减。在高山地区,焚风会使大量积雪融化,造成上游河谷洪水泛滥;有时还会引起雪崩;若地形适宜,还会造成局部风灾。

焚风的出现对人的情绪和健康有很大影响。它会使一些人的情绪低落,行为反常。例如,有的人会沮丧不已,甚至产生轻生的念头。某些人在焚风吹来时,会出现呼吸困难、血压升高、偏头痛、眩晕、恶心、烦躁、抑郁等"焚风综合征",甚至会诱发溃疡病、手术后出血、急性阑尾炎、胆石症、肾绞痛、

心肌梗死等。焚风盛行时期,犯罪率上升,工伤事故和交通事故也会明显增加。

焚风常造成火灾。世界上最著名的焚风区——阿尔卑斯山脉北麓,历史上发生的几场大火灾都是焚风造成的。那里每年平均出现焚风 80 多天,最多年份达 104 天。因此,在盛吹焚风的日子里,阿尔卑斯山脉北麓的村庄实行严格的灯火管制。

除了阿尔卑斯山脉外,在格陵兰岛西海岸、南非沿海、中国的天山和秦岭脚下、老挝、印度尼西亚等地也常有焚风。

为减少焚风的危害,我们应当积极营造防护林带,以降低风速、调节气温、改造局地小气候。

云雾雨雪别样多

yunwuyuxuebieyangduo

云彩多姿

　　天空是一幅活动的画面。在这变幻无穷的画面里，展现着丰富多姿的云彩。看，这种云像一片片纤白的羽毛；瞧，那种云像一缕缕带钩的细丝。在蔚蓝的天幕上，有时镶嵌着银色的"鳞片"，有时却又点缀着一团团白色的"棉花"。在下雨的日子里，云色灰暗厚实，像一条大棉被铺盖在天空，下面挂着一块块灰黑褴褛的"破絮"。而当太阳从东方升起时，云块在阳光照射下，闪耀着夺目的霞光。有时候天空像蓝色的海洋，万顷波涛翻滚，此起彼伏。有时候却似进入了群山的怀抱，但见那山峦重叠，奇峰突起。有时天边横着一排底部平坦、顶部凸起的类似城堡的云。在晴朗的天空中，有时会出现一种边缘薄、中间厚、轮廓分明、形似豆荚的云。

　　云是如何形成的呢？海洋、湖面、植物表面、土壤里的水分，每时每刻都在蒸发，变成水汽，进入大气层。含有水汽的湿空气由于某种原因向上升起。在上升过程中，由于周围空气越来越稀薄，气压越来越低，上升空气的体积逐渐膨胀，膨胀的时候要耗去自身的热量，因此上升空气的温度要降低。随着温度降低，上升空气容纳水汽的本领越来越小，当其中的水汽达到饱和状态时，温度再降低，多余的水汽就附着在空气中的凝结核上，成为小水滴。如果温度低于0℃，多余的水汽就凝华成冰晶或过冷却水滴。它们集中在一起，受上升气流的支托，飘浮在空中，成为我们能见到的云。

　　那么，为什么会形成各种各样的云呢？由于空气的运动形式不同,因此会形成不同的云。

如果空气进行上上下下的对流运动,那么形成的云都是一块块孤立向上发展的云块。人们统称其为"积状云"。

如果空气进行上升运动,并且是沿着一定的坡度大规模地斜升的,那么形成的是一种均匀得像幕布一样的铺满天空的云层。人们称它为"层状云"。这种云的水平范围很宽广,常覆盖几百千米甚至上千千米的地区。

如果空气沿水平方向进行波状运动,那么波峰处形成云,波谷处无云形成,于是形成一排排排列整齐、中间隔着蓝天的波状云。如果上下两层空气进行波状运动,就会形成像棋盘那样的波状云。而像城堡那样的云,是在波状云的基础上发展起来的。

如果空气能上升到很高的高度,在那样的高空中,水汽含量很少,水汽直接凝华成冰晶,冰晶分布不均匀,再随着高空的风飘移,于是形成千丝万缕的云。人们称它为"卷云"。

那种豆荚状的云,主要是由局部的上升气流和下降气流会合而形成的。当气流上升,其中的水汽凝结形成云时,恰遇下降气流的抑制,云体不仅不能继续向上发展,而且其边缘会蒸发变薄,于是形成豆荚状的云。

隐 形 云

天空中的云彩,千姿百态,瞬息万变。但是,你可曾知道,在天空中还有一种肉眼看不见的云。

有一天,俄罗斯西伯利亚科学研究院大气光学研究所的研究人员,为了完成一项对流层大气探测任务,乘坐一架"气象探测"号飞机飞往远东上空进行实地探测。当他们透过舷窗观看窗外天空时,欣喜地发现整个天空阳光普照,碧空无云。于是,所长催促机长加快飞行速度,以便趁这个极好的天气在预定的探测区域顺利完成探测任务。可是,机长回答说:"所长,我从机载雷达的屏幕上发现飞机前方的上空有大片云层的回波,飞机不仅不能加速飞行,而且还必须立即返航,否则将是徒劳。"

1982 年,当他们重返西伯利亚上空探测时,遇到一大片看不见的隐形云,经测定,这片云层的面积竟达 600 平方千米,云层厚度也有 500 米。这些高空大气研究人员在以后几年的高空大气探测活动中,还多次发现其他地区的上空也有这种看不见的隐形云。

经探测研究,这种肉眼看不见的隐形云是由极微小的粒子构成的。这种粒子几乎不能反射阳光,因而很难被人的肉眼所观察到。这些微粒主要是火山喷发出的尘埃,它们在 1 200 ~ 1 500 米

的高空中形成云。这种云只有在阳光充足的晴朗天气条件下才会被人们探测到,而在日落时刻最容易在雷达屏幕上捕捉到它们的踪迹。

珠穆朗玛峰上的旗云

青藏高原是一个很特殊的地区,就连天上的云也很特别。其中最特殊的云要算珠穆朗玛峰上的旗云了。云沿珠峰顶飘向一边,真的像一面迎风招展的旗帜。当然,旗云的形状也会发生变化,有时像波涛汹涌的海浪,有时像古战场上奔腾的万马。偶尔还可以看到高原雄鹰在旗云的上空翱翔,更点缀了险峰的无限风光。

这种旗云既可作风向标,还可根据其方向的变化来预报天气。青藏高原上空刮的是强西风,因此,旗云的方向一般是指向东方。若旗云方向指向北方,预示很快就要下大雪了;若旗云像炊烟那样袅袅上升,预示天气也将变坏。

青藏高原上群山林立,为什么唯独在珠峰顶上会出现这种奇特的云呢?这与它特殊的地貌有关。科学家考察研究后发现,海拔7 000米以下的珠峰地区冰雪覆盖,而海拔7 000米以上到峰顶碎石遍地。当太阳出来后,碎石坡面很快被烤热,热空气沿坡面上升,大约上升到峰顶的高度附近开始凝结成云,当云一冒出峰顶就被强烈的西风向东吹去,于是一面云旗高高飘扬在峰顶。

一年下多少雨

全世界每天总有一些地方在下雨。那么,全世界一年要下多少雨呢?

经过科学家的观测和计算,一年之中全世界要下雨511万亿吨;以体积计算,要下雨511万亿立方米。

每年要下这么多的雨,长年累月下来天上的雨不就要下完了吗? 不会的,地球上的水分是在不断地循环的。

一年之中降落到海洋里的雨水大约是412万亿吨,降落到陆地上的雨水大约是99万亿吨。而海水蒸发进入空中的水分大约是448万亿吨,陆地上的江河、湖泊蒸发与植物蒸腾进入空中的水分大约是63万亿吨。可见,天上降下来的雨水与海洋里和陆地上蒸发进

入空中的水分,数量几乎相等。就是说,地面与空中之间,水分在不断地循环,达到相对平衡的状态。

另外,一年之中海水蒸发进入空中的水分要比从空中降落到海洋里的雨水多 36 万亿吨,多出的这些水分在空中被风吹送到陆地上空;而一年之中降落到陆地上的雨水要比陆上蒸发进入空中的水分多 36 万亿吨,多出的这些水分通过江河汇入大海。所以,海洋与陆地之间的水分也在不断地循环,达到相对平衡的状态。

据观测,空中共含水量大约是 13 万亿吨。不难算出,每年水分循环大约要进行 39 次。

酸 雨

始建于 1163 年的法国巴黎圣母院是世界著名的大教堂,教堂内外有许多闻名于世的雕塑,是欧洲早期哥特式建筑与雕刻的主要代表。但是后来,这些精美的雕塑表面开始损坏,逐渐剥落。

美国纽约港有一尊自由女神铜像,已经过了百岁生日。但是,20 世纪 70 年代自由女神失去了昔日的风采,表面无光泽,黯然失色。人们不得不于 1986 年重新整修自由女神铜像。

古罗马的斗兽场、雅典的古建筑帕提侬神庙,表面被腐蚀也越来越严重。

在德国,几百年来森林茂密,群山之中到处是墨绿色的常青树,因而许多城市有"黑森林城"之称。可是,20 世纪 80 年代德国西部约有100 亿棵大树染上了可怕的疾病,森林区凋敝破败。

在美国纽约阿迪龙达克地区,20世纪80年代有200多口湖泊失去生机,湖中已没有鱼虾遨游,湖面上也不见水禽飞翔。

为什么这些雕塑、森林、湖泊会受到严重的破坏呢?

罪魁祸首是天上降下来的酸雨。酸雨是一种酸性很强的雨。在美国,曾发现天上降下来的雨几乎同醋一样酸,落在人的身上,使人感到灼痛。

酸雨是一种灾害性天气。它是由于工厂大量燃烧石油、天然气,排放出大量的二氧化碳和含有硫、氮的氧化物,并进入大气中,在空中发生化学反应,生成硫酸和硝酸,随着雨水一起降落到地面上而形成的。

目前,防治酸雨的主要措施是减少化石燃料的使用,改革生产工艺,综合利用,在生产过程中控制污染物的排放。

闻所未闻的怪雨

世界上曾多次下过一些十分奇怪的雨:银币雨、蛙雨、鱼雨、麦雨……

据史书记载,东汉建武三十一年,有一天在今河南开封一带突然乌云密布,狂风大作,暴雨倾盆。奇怪的是,降下来的雨水中混有大量的谷子。

1840 年的一天,在欧洲西南的西班牙海岸上,下了一场"麦雨"。据说,大雨过后,鸡鸭一齐出动并饱餐了一顿。"麦雨"奇闻从此传开。

1940 年 6 月 17 日下午,苏联高尔基省巴甫洛夫区米西里村地区(今俄罗斯境内)的天气特别闷热,天空中乌云翻滚,不久便狂风大作,并降下倾盆大雨。令人百思不解的是几千枚光亮亮的古银币伴随着大雨降落下来,居然还是 16 世纪俄国的货币。

1949 年,新西兰的一个沿海地区,下过一场"鱼雨",几千条鱼与暴雨同时从天而降。

1960 年 3 月 1 日,从法国南部土伦地区的天空中降落下来许多青蛙。

1997 年 6 月,一场暴风雨降落在墨西哥城,随雨降落下来的竟然是癞蛤蟆。

2000 年 8 月,英国海港城市大雅茅斯突降雷阵雨,随后又降了一场"鱼雨",大量的鲱鱼从天而降。这些鲱鱼虽然死了,但还是很新鲜。

类似的怪雨还有很多。这种怪现象其实也不奇怪,都是龙卷在作祟。风把一个地方的古钱币、青蛙、麦子、鱼等卷到空中,当龙卷的力量减弱,吸不住这些东西时,这些东西就随着倾盆大雨一起降落到地面上,于是就出现了上述的种种怪雨。

彩色雨

雨水本应是洁净透明的。可是,大自然像一位魔术师,有时还会变点戏法,给雨水掺上点颜色,下红雨、黄雨、黑雨……

1608年,法国的一个山城曾下了一场奇特的雨,雨滴红得像血一样。雨后,房屋和街道都披上红装,整个山城像被血染过了一样。当地的人们都惊恐万分,不知是怎么回事。后来,人们才知道,是大风把北部非洲沙漠中大量红色和赭红色的沙尘吹到空中,并与云中的雨滴凝结在一起,从而将雨滴染成红色。当云越过地中海后,由于地形的抬升作用,山城里下起令人惧怕的"血雨"。

在中国福建南部一些地区,每年春天都要下黄雨。那是因为大风把附近森林里松树上的黄色花粉吹散出来,黄色花粉悬浮于空中随风飘移,当碰到空气中水汽比较丰富时,黄色花粉便成了水汽凝结核,一旦条件合适就成云致雨,于是就在那里落下

"黄雨"。

1962年夏天,马来西亚的一个港口曾下过一阵"黑雨",雨后,那里的小溪和河流都被染黑了。究其原因,是大风把另一块地方的黑土层表面的泥土卷到空中,泥土随风飘到很远的港口后随雨滴一起降落下来。

常言道:"山雨欲来风满楼""呼风唤雨",这说明风和雨经常是伴随在一起的,风往往是雨的前奏曲。这种带颜色的雨,实际上就是由风、彩色的颗粒和空气中的水汽共同作用的结果。

幻　雨

走进非洲北部的撒哈拉大沙漠,犹如进入了一个无生命的世界。这里没有鸟语花香、青山绿水,有的只是炎炎烈日和茫茫沙海。

当人们一踏上这片土地,在烈日的曝晒下,一定会感到酷暑难忍,希望能下场透雨来冲刷掉身上的汗水、润一润干得快要冒烟的嗓子。

有时倒也天从人愿,天空中突然乌云密布,转眼就下起了雨,人们因此而欣喜若狂。但是,奇怪的是雨还未落到地面就在空中消失了,仿佛有一只大手把雨收了回去。

人们失望地称它为"幻雨"。

难道是老天在作弄人？其实，这不能责怪老天，因为天空中确实降下了雨。后来人们才弄明白，这是撒哈拉沙漠地区的低空天气在作怪。在撒哈拉沙漠地区，每年的降雨量特别少，不足 25 毫米，有的地方四五年不下一滴雨，还有的地方 30 ～ 50 年才下一次雨。由于这一地区的低空极度酷热、干燥，所以，未等雨滴落到地面，便在空中蒸发掉了，于是形成了令人们伤心的"幻雨"。

报 时 雨

古代没有计时钟，人们往往根据太阳的方位来估计时间。若碰到阴天、雨天，人们就没有办法估计时间了。不过，也有个别地方，偏偏是根据下雨来估计时间的。在印度尼西亚爪哇岛南部的土隆加贡地区，每天都会下两场大雨。这两次大雨下得十分准时：一次是在下午 2 时前后，另一次是在下午 5 时前后，天天如此。当地一些偏僻的山村学校不用买钟，只要把两次下雨的时间作为标准时间就行了。第一次下雨作为上学时间，第二次下雨定为放学时间，年年如此，很少发生差错。当地人称这两场雨为"报时雨"。

报时雨是热带地区特有的现象。土隆加贡地区地处热带，每天都受到太阳的强烈照射，气候终年炎热。每天太阳出来后，地温、气温就开始升高，水面蒸发和植物蒸腾作用都很强烈。水汽在上升过程中逐渐冷却，到凝结高度就开始凝结成云。水汽不断上升凝结成云，云就愈聚愈多，到下午 2 时前后就乌云密布，于是降下滂沱大雨。

由于当地的云是由空气对流形成的，水汽来不及供应，所以雷阵雨不会维持太长时间，一会儿就雨过天晴。由于地面不断增温，空气温度也高，下午比上午水分蒸发更快，到下午5时前后，天空又乌云密布，接着又是一场倾盆大雨。由于土隆加贡地区地处热带，一年中基本没有四季交替，只有夏天，所以，每天的天气变化就像时钟运转一样准确，当地人便能准确无误地用降雨来估计时间。

雾凇与雨凇

寒冬腊月，中国东北松花江畔的树枝上，往往会结上一层白色的薄冰，银装素裹，宛若玉树琼枝，随风摇荡，在朝阳下闪闪发光，使千里冰封的北国江山别有风韵。冻结在树枝上的那层薄冰叫"雾凇"。

隆冬季节，在北方，你可以看到一种奇怪的雨，天上掉下来的明明是雨滴，在地上却看不到雨的痕迹，见到的都是冰。这种雨掉在树枝、电线上，会迅速冻结成晶莹透明的冰层，边滴淌，边结冰，结果挂下了一条条冰柱。这种滴雨成冰的雨称为"冻雨"，而滴雨所成的冰称为"雨凇"。

雾凇和雨凇是过冷却的雾滴、雨滴碰到较冷的物体后迅速冻结而成的冰层。雾滴、雨滴在 0℃ 以下还不冻结，其原因或是水滴的半径太小，表面弯曲得很厉害；或是水滴中缺乏固态的凝结核，无法使水分子按冰晶的格式排列起来而成为冰。这种过冷却水滴很不稳定，一旦碰到较冷的物体，一经碰撞振动，水分子的排列方式就发生改变而成为冰；同时，碰撞使水滴发生形变；物体表面也可起到类似凝结核的作用，使水滴有所依附。于是，过冷却雾滴或过冷却雨滴一经碰撞立即结为雾凇或雨凇。

雾凇使整条街道显得高雅、纯洁，颇具浪漫色彩。你置身其间，一定会想起唐朝诗人岑参的"忽如一夜春风来，千树万树梨花开"的名句。现在，每到冬季，许多南方人都兴致勃勃地去北方观赏这一奇景。

雾凇和雨凇虽然好看，但对人们毫无益处。它们常常使树枝折断，电线绷断，严重影响通信。所以，人们在架设电线之前，首先要调查一下哪些地方容易发生雾凇和雨凇，出现的强度又怎样。调查后，尽量避开那些经常发生雾凇和雨凇的地区；无法避开时应根据雾凇和雨凇出现的强度，对电杆间距离、电线荷载强度进行特殊的设计。

美丽的冰窗花

一个寒冬的早晨，颖颖醒来后发觉玻璃窗晶莹耀眼，刺得她睁不开眼睛。她以为外面下了大雪，于是一骨碌从床上跳下来走到窗前往外看。她没看到雪，却看见玻璃上结满了冰霜花。冰霜花千姿百态，有的像大树，有的像蕨叶，有的像重峦叠嶂的山峰，有的像羽毛，有的像瀑布,图形结构巧妙奇特。正在这时,刚升起的太阳照到窗上,晶莹耀眼中又透进红色,真是美丽极了。

冰窗花在中国南方比较少见,在北方则经常可以见到,那是因为它的形成是有一定条件的。一般,室外气温在-10℃,室内气温在10℃左右,室内空气又比较潮湿的情况下,在玻璃窗的内侧就有可能形成冰窗花。但是,若外面风比较大,或者窗缝比较大,外面的风就会往窗缝里钻,使室内的暖湿空气难以接近冷的玻璃,这样就难以形成冰窗花。

冰窗花分窗冰和窗霜两种:

窗冰是玻璃上原有的一层水膜,在玻璃表面的温度随室外气温降到冰点以下时直接冻结而成。

窗霜是室内的暖湿空气接触到低于0℃的冷玻璃表面时水汽直接凝华而成。

造成冰窗花千姿百态的原因可能是:室内外温度的不断变化,决定了冰晶结构基本形态的变化;玻璃表面的光滑程度和玻璃上附着的化学物质的不同,造成水分子排列不均匀、冰窗花生长时的随机性。

舞厅雪花

一个寒冬之夜,俄国圣彼得堡的一个舞厅内正举行盛大的舞会,达官贵人正在那巨型蜡烛光芒照耀下翩翩起舞。舞厅的门窗紧闭着,人多热气高,厅内的空气越来越闷热、混浊,使人头昏脑涨。突然,一位少妇昏倒了,人们顿时骚动起来。

一位英俊的年轻人想推开窗户,可窗户早被封死了。他急中生智,"乒"的一声把窗玻璃打了个粉碎。外面的寒风从窗户中灌了进来,人们开始感到空气清新。可是,没等几分钟,舞厅内突然飘起无数白色的小东西。人们仔细一看,这无数白色的小东西竟然是晶莹的雪花。

外面并没有下雪,这雪从何而来呢? 人们莫不感到惊讶。

原来，人们拥挤在舞厅内，呼吸时排出了大量的水汽，蜡烛的燃烧又使舞厅内充满了烟灰。当外面的寒风灌进舞厅后，厅内的气温急剧下降，水汽遇冷后就以烟灰粒子为凝华核心而冻结成冰晶。于是，舞厅内飘起了雪花。

雪花多姿

生活在北方的人，每年冬天都有机会看到几次大雪纷飞的壮观景色：那漫天风雪，飞飞扬扬，像鹅毛，像棉絮，像绒毛，像芦花，扑向大地，飘落在江河里、田野上、山林间。瞬息间，山川的一切景物都变了，山如玉簇，树挂梨花，地铺银装，壮丽的北国被装点成一个纯净的银白色世界。极目远眺那银白色的世界，不禁使人想起古代一则趣闻。

1 600 多年前的东晋时代，有一年冬天，在宰相府里，宰相谢安正与几个小孩围坐在客厅内观赏雪景。客厅里的炉火热融融，屋外的雪花漫天飞舞。谢安触景生情，向孩子们发问："缤纷的白雪与什么东西相似？"一个男孩不假思索地说："像在空中撒盐花呗！"宰相听后笑了笑，但并没有说什么。过一会儿，一个十来岁的女孩子说道："不如说是柳絮因风起。"好个"柳絮因风起"，回答得太确切了。这不仅把雪花的颜色作了形象化的比喻，而且把雪花轻盈飘逸的姿态活灵活现地表述了出来。谢安频频点头表示满意。在座的其他孩子也纷纷拍手称赞。这女孩是谁？她就是谢安的侄女、后来成为东晋第一女诗人——谢道韫。

虽然幼小的谢道韫以其敏锐的才思说出雪花是白色的和轻盈

的，可是，她未必知道雪花是一个个形态多样、美丽异常的冰晶体。

在放大镜下，你会发现，一片片雪花，有的像六角形的薄板，这就是片状(板状)雪花；有的像一根绣花针，称为针状雪花；有的像一截铅笔，叫作柱状雪花；有的却似向各个方向均匀张开的六把小扇子，那是扇状(花瓣状)雪花；还有光芒闪耀的星状雪花、树权丛生的树枝状雪花、两头大中间小的哑铃状雪花，真是形形色色，仪态万千。

但是，不管雪花有多少种形状，却是万变不离其宗，它基本的形状是六角形的。这是为什么呢？冰晶是一种晶体，形状是一个六角形。对六角形冰晶来说，它的面上、边上和角上的曲率不同，因此饱和水汽压不同，面上的饱和水汽压最小，边上大一些，角上最大。当空气里的水汽压相同的时候，由于冰晶各部位的饱和水汽压不同，水汽在它上面凝华的情况也就不同。如果空气里水汽压比面上的饱和水汽压大而比边上的饱和水汽压小，水汽只在面上凝华，于是形成针状和柱状雪花。如果空气里水汽压比边上的饱和水汽压大而比角上的饱和水汽压小，边上和面上虽然有水汽凝华，但边上位置突出，能优先获得周围的水汽，增长得快，于是形成片状雪花。如果空气里水汽压比角上的饱和水汽压大，虽然面上、边上和角上都有水汽凝华，但是因为尖角处位置最突出，水汽来时它首当其冲，水汽供应最充分,增长得最快,于是形成了枝状或星状的整齐的六角形雪花。在云里,由于冰晶不断地运动,它所处的水汽条件也在不断地变化,这样使得冰晶一会儿沿这个方向增长,一会儿沿那个方向增长,形成了各种形态的雪花。

美国科学家庞脱莱曾拍摄过 6 000 多张雪花照片,并通过反复对比,发现它们的形状彼此各不相同,没有两张是完全一样的。这位科学家临终前还说:"这不过是大自然落到我手里的一部分雪花而已。"也就是说,雪花的形状还有许许多多。目前人们已找到不同的雪花图案达 2 万多种,还有更多的雪花形状正等待着人们陆续去发现。

奇异雪景

下雪的时候,人们常常能够看到这样一番景象,北风呼啸,寒流滚滚,雪花飞舞,整个大地像要被吞没似的。然而,在一些地方,下雪时却出现一些十分有趣的景象。

1915 年 1 月 10 日,在德国柏林下了一场大雪,雪片的直径达 10 厘米,像一只只银碟从天而降。

1921 年 3 月的一天,一场大雪从天而降。在美国俄勒冈州有一个露天堆货场,场内有一堆未经熟化的干石灰。后来,融化了的雪水使石灰开始熟化,在反应过程中产生大量的热量,使附近的一堆木柴着火,火舌从木堆伸向大树,再伸向一幢房子。在这场大火中雪竟然扮演了火种的角色。

1970 年 12 月 2 日,在美国犹他州的一座山脚下,人们见到一个从云中伸向地面的灰黑色圆柱,并由东北向西南方向一面急速旋转一面移动,所经之处,房屋被刮倒,大树被连根拔起。这无疑是一次龙卷过程。当龙卷移到一个雪深约 1 米的雪场时,雪被卷到 30 米的高空,于是形成一条白色的雪柱,龙卷也就变成蔚为壮观的雪龙卷。

1971 年 1 月 18 日晚上,在美国的一个山区,一场湿雪从天而降,时而还夹着闪电,同时,人们还看到了空中的亮光。后来,在树林里、篱笆上、房顶上,甚至在自己的周围,到处都有这种亮光的出现,亮光犹如烛光一般。有人把手伸出去,还发现亮光从手指缝中穿过。这种奇妙的现象,至今仍是个谜。

彩 色 雪

人们喜欢把雪作为白色的象征,用它来表示纯洁。可是,世界也真奇妙,有时那纯洁的白雪也会染上点颜色。

1897 年,俄国圣彼得堡下了一场黑雪。观察结果,竟是亿万只黑色小昆虫乘风漫游天空时,刚巧碰到天空中正在飘落的雪花,于是

被雪花带到地面上,造成了罕见的黑雪。

有一年,人们在珠穆朗玛峰和西藏察隅地区的冰川上见到了红色的雪。人们以为老天爷在捣鬼,因此很是害怕。其实,这是大风和红藻共同耍的把戏。这种藻类在常年被冰雪覆盖的地区分布很广,繁殖能力也特别强。当大风吹来,这些藻类被卷向空中,碰到下雪时就粘在雪片上,随雪降到地面上,几小时内就可把雪染成红色。在暖季,红雪区的附近往往还伴随着黄雪区,这是黄藻迅速繁殖的结果。

黄色雪也不全是藻类引起的。有时大风把远处的黄沙、花粉或黄土带到空中,遇到下雪,就会被雪花夹带着降落下来。有些地方还下青雪、褐雪,甚至还下过带西瓜味的雪,这大多是风和藻类玩的把戏。

六月雪

元代戏曲家关汉卿曾编有杂剧剧本《窦娥冤》,故事说的是,良家女子窦娥受流氓迫害,被诬告成杀人犯。昏官枉法将窦娥判定死罪。窦娥无处伸冤,临刑时仰望苍天发下誓愿:她死后,天将降落大雪来掩埋她的尸骨,让白雪来证实自己是无辜的。在 6 月的一天午时开刀问斩时,果然狂风大作,下起一场暴风雪,仿佛苍天被这千古奇冤激怒了。因此,后来有的剧作家干脆把这出戏剧改名为《六月雪》。

这则故事只不过是作者借大自然在盛夏降雪这一异常天气来控诉人间的不平罢了。然而,根据世界各地气象观测记录来看,6 月下大雪时有发生。

1947 年 6 月 4 日至 5 日,即将进入盛夏的莫斯科忽然间下起一场大雪。4 日这一天,莫斯科地区的气温骤降,上午开始下毛毛细雨,到了下午整个天空竟纷纷扬扬飘起雪来。过了一夜,那高楼大厦,那花草树木,那大街小巷,全都覆盖上一层皑皑的厚雪,极目远眺,整个大地成了银雕玉砌的世界。5 日,莫斯科的天空继续飞扬着雪片。

无独有偶,1980 年 5 月 20 日清晨,莫斯科的市民们推开房门一看,惊奇地发现:绿叶满枝的树木变成了银枝玉叶,黑灰色的街道变成银白色的长带,参差不齐的屋顶戴上顶顶雪帽……但是,太阳出来一照,两三小时后,积雪全消融了。

更巧的是,第二年的同一天,莫斯科又下了这样一场大雪。

1981 年 5 月 31 日,山西

省一林区从上午 11 时 27 分开始下起大雪,到 6 月 1 日下午 3 时才停止,历时 27 个小时,降雪量达 50.2 毫米,地面积雪 3 天后才融化掉。

1986 年 6 月 18 日起,青海省唐古拉山区也接连几天下起大雪。满天飞舞的雪花把许多山路封冻起来。青藏公路上约有 20 千米的路面被大雪封住,有 1 000 多辆运输车受困。经过一个多星期的救援,险情才被排除。

1987 年 6 月 5 日,河北省张家口地区下了一场大雪,48 小时降温 12℃,个别地区降温 21℃,最低气温下降到 −7℃,使农业生产遭受到严重损失。

据气象学家观测研究,六月雪是一种异常天气现象。由于气温的不断变化,遇上特殊的天气条件,比如夏季冷空气长期盘踞一地,加上地理位置、海拔高度等因素,就可能出现六月雪这种特异景观。

奇特的冰雹

春末和夏季,在中国西北部的山区,人们时常可以看到从天上降落到地面的冰雹。

冰雹是由霰(一种不透明的冰球)或冰滴在气流升降特别强烈的积雨云中,随着气流反复上升、下降,并在升降过程中不断与沿途雪花、小水滴等合并形成的具有透明与不透明交替层次的冰块。当它增大到一定大小时,上升气流无法支持,随即降落到地面上来。

冰雹多数呈球体状,也有呈块状、圆锥状。冰雹小的如黄豆,大的像鸡蛋,有的如砖块一般大小。但是,古今中外也曾出现过一些巨型的冰雹。如 1788 年 7 月 13 日的一场冰雹袭击法国时,人们发现其中大的冰雹质量达 500 克以上,击死击伤许多飞禽和牲畜。1928 年 7 月 6 日,美国内布拉斯加州下了一场冰雹,堆积的冰雹高达三四米,其中有一个冰雹质量达 680 克。1968 年 3 月,降落在印度比哈尔邦的最大的一块冰雹,质量达 1 000 克,当场把一头小牛砸死。1960 年 5 月 3 日,中国湖南省古丈县下了一场冰雹,最大的冰雹质量达 3 500 克。1950 年,在阿塞拜疆降落了一块质量达 10 千克的冰雹。更罕见的是,十几年前在西班牙降落的一块巨型冰雹,质量约 50 千克。

冰雹质地坚硬,降落到地面上会反跳。可是,1963 年 5 月 24 日,黑龙江省伊春市却降了一场软冰雹,冰雹着地时不会反跳,落地后个个成了圆饼形状。

最有趣的是在美国维克斯堡降落的一次冰雹,那是在 1894 年 5 月 11 日下午发生的。所降落的冰雹不仅个头大,而且所有的冰雹核都是由石膏块组成的。同一时间,在维克斯堡以东 13 千米处的博文纳也降了一场冰雹。人们将其中一块特别大的冰雹(直径 15.2 ～ 20.3 厘米)打开一看,冰雹里居然藏有一只乌龟。原来,在

博文纳,那天正刮着旋风,乌龟被旋风卷上天空,起了冰雹核作用,被冰晶一层又一层包裹起来,等到上升气流托不住它时,就降落到地面上。在俄罗斯的西伯利亚还降落过"人雹"。原来,这是苏联军队在西伯利亚某地进行一次跳伞训练时,一名跳伞员离开飞机后,便被一股气流带到浓积云中,云中的空气对流非常强盛,便几次把他带上带下,使他身上的冰层越裹越厚,最后上升气流再也无法托住他时,便成为"人雹"降落到地面上来。

奇妙的光声电现象

qimiaodeguangsheng

dianxianxiang

大气哈哈镜

20 世纪 80 年代,有一支苏联北极探险队在楚科奇半岛遇到一件怪事:有一天,在探险队宿营地附近探险队员看见一只大白熊。探险队员知道,这只大白熊就是北极熊。北极熊是北极地区的猛兽,它会主动攻击人,危害人身安全,甚至还会捣毁营地,因而探险队员不敢大意,急忙回营取出枪支。可是,正当一位探险队员举枪准备扣动扳机时,那只大白熊竟然变成一只银白色的海鸥,展开巨大的翅膀飞离营地,冲向天空,并不停地拍打着翅膀,在蓝天上盘旋。目睹这一幕情景,探险队员个个目瞪口呆,惊奇万分。

"大白熊变成海鸥,这是怎么回事?"正在探险队员感到纳闷的时候,探险队里的气象学家告诉大家:这一奇异现象是"大气哈哈镜"恶作剧的结果。

现代科学实验告诉我们,大气是由密度不同的气层构成的。一般情况下,空气是离地面愈高愈稀薄,密度愈小。晒热的沙地上空的空气,要比润湿的林地上空的空气密度小。当光线由一种密度的空气层射入另一种密度的空气层时,光线便发生折射和全反射现象。当物体发出的光线被空气多次折射、全反射后,物体的像会严重畸变。

在楚科奇半岛出现的"大白熊变成海鸥"的奇异现象,就是这样发生的。半岛地面冰封雪裹,温度很低,靠近地面的空气层密度较大。这时,如有暖气流流经半岛上空,便形成逆温层。那么,由远处

蹲在地面的海鸥投射来的每束光线,都要从下面密度较大的空气层射入上面密度较小的空气层,遇到这两层密度不同的空气层交界面时,光线向密度较大的空气层偏折,偏折的光线到达地面后又被向上反射。多次折射、全反射后,海鸥的像被显著放大,产生严重畸变,看上去像北极熊了。

霞光万道

当旭日东升或夕阳西沉的时候,在地平线附近的天空,常常会出现一片绚丽的光彩,构成一幅扇形的美妙景象。这就是五彩缤纷的霞。早晨出现在东方天空的称为"朝霞"或"早霞",傍晚出现在西方天空的称为"晚霞"。

霞光万道，渲染了天际，美如画卷。"落霞与孤鹜齐飞，秋水共长天一色""余霞散成绮，澄江静如练"，诗人把彩霞写得多么生动逼真！

霞是由于阳光碰到近地面空气里的分子、尘埃、水汽等散射而形成的。太阳光里的各色光透过大气层的能力不同，红光透过大气层的能力最强，橙光、黄光、绿光差一些，青光、蓝光、紫光更差一些。太阳光在地平线上所透过大气层的厚度比中午透过大气层的厚度要大几十倍，所以在早晨和傍晚，青、蓝、紫等颜色的光损失得特别多，余下的只是一些红、橙、黄色光。这些红、橙、黄色光，经过地平线上空的空气分子特别是水汽、尘埃杂质散射以后，使天空带上红色或黄色。天空中的水汽、杂质越多，这种色彩就越鲜明。当天空中有云层时，云层反射透过大气层而来的红、橙、黄色光，就会染上美丽的颜色。

空气中所含的水汽、尘埃杂质越多，彩霞的颜色就越艳丽。例如，1883年，印度尼西亚的喀拉喀托火山爆发，喷发出大量的微小尘埃飞扬到高空，飘洋过海，遍布世界各地。由于这些飘浮在天空中的微小尘埃的散射作用，那一年世界各地所看到的彩霞都特别美丽。

霞的出现与天气变化有关。民间广泛流传有这样一些谚语："朝

霞不出门,晚霞行千里""朝霞雨淋淋,晚霞烧死人""早霞不过午,晚霞一场空"。这里的"霞"指有云的霞。这是因为早晨一旦出现绯红的朝霞,表明大气里能产生雨滴的水汽与尘埃等杂质已经很多。中国大部分地区处在西风带,产生降水的天气系统也都是由西向东移动的,因而朝霞预示云层已经从西方侵入本地,天气要转阴雨了。而在傍晚,由于太阳一天的加热,温度比较高,低空大气里水汽一般不多,而尘埃因对流减弱而集中在低空。所以,晚霞是由尘埃散射阳光而成的,表明西方天气比较干燥,不会有云雨产生。

天边彩桥

夏天午后,一阵瓢泼大雨过后,乌云消散,太阳在西边重新露脸,而在东边蔚蓝色的天空中,常常会出现一条半圆形的彩练,飞架在天际,犹如一座彩桥。这就是虹。

虹,古人以为是龙在雨后的显形,所以"虹"字带上了"虫"字旁,一直沿用到今天。在阿拉伯人的传说中,虹则是光明神哥沙赫的弓。当哥沙赫休息时,就把自己的弓——虹,挂在云端。

多少年来,人们观赏虹,流传着虹的神话,同时也努力揭开虹的秘密。

17世纪初,有一位名叫多密尼斯的学者,企图用科学的原理解释虹的形成原因,结果被教会说成是宣传异教邪说,遭到迫害,被判处死刑。

北宋科学家沈括对虹做过科学解释:"虹,雨中日影也。日照雨,则有之。”

虹，是太阳光射到空中的水滴上，发生反射和折射形成的。在下雨时，或者在下雨后，空气中布满着无数的小水滴。这些飘浮在空中的小水滴，相当于一面面小型的三棱镜。当太阳光透过小水滴时，不仅改进了前进的方向，同时被折射成一条七色光带进入小水滴，在小水滴里面发生内部反射，然后再从小水滴折射出来而成为虹。由于紫色光的偏折程度最大，所以位置在内，红色光的偏折程度最小，所以位置在外。

有时，我们还会看到在虹的外面，有一条色彩较淡的光弧，我们叫它“霓”，又称“副虹”。它的七色光排列次序与虹相反，红色光在内，紫色光在外。

霓与虹产生的原理有些不同，虹是太阳光在小水滴里只反射一次产生的，而霓是太阳光在小水滴里反射两次产生的，光线走的路线长，能量损失大，所以霓显得比虹暗淡些。

在一般情况下，人们只能看到一条彩虹或一条虹一条霓。但是，在一些特殊天气条件下，有时能看到四五条彩虹。1948 年 9 月 24 日傍晚 6 时左右，在苏联列宁格勒尼瓦河上空出现四条彩虹并列的奇景。当然，这种情况是很少见的。

人站在地面上，只能看到半圆形虹，可当你坐上飞机，在虹的上面俯视下来，则能够看到整个圆形的虹。当太阳靠近地平线时，见到半圆虹；太阳越高，虹头就越低；如果太阳高出地平线 42° 以上，就看不到虹了。

虹的色彩鲜艳程度和虹带宽度与空气中水滴大小有关。水滴大，虹就鲜艳清楚，比较窄；水滴小，虹就淡，也比较宽；如果水滴过小，就不会出现虹。

俗话说“东虹日头西虹雨”。这是有道理的。因为在中纬度地

区,云雨区一般是由西向东移动的。如果东边出现虹,西边有太阳,表明云雨区将移出本地;相反,如果西边有虹,表明本地西边有大片的云雨区,天气仍将阴雨。

月夜彩虹

1984年9月10日,那天正是农历八月十五日,中秋节。这天晚上一轮玉盘似的满月嵌在墨蓝色天幕上,皎洁的月光泻向大地。晚上8时多,辽宁省新金县城关普兰镇正逢阵雨初霁,居民们正在庭院里兴致勃勃地边吃月饼边赏中秋月。这时,人们惊奇地发现,在西方半空中出现一条光带,像是一座彩桥从南方伸向北方。由于是在夜间出现的,光带的色彩不太分明,但是,仍然可以分辨出上层的淡红色和下层的淡绿色。经过五六分钟,随着云层的移动,光带逐渐消失了。对这一奇异的大气光象,后来新金县气象站的气象工作者分析说，那天晚上月光如洗，又正巧碰到刚刚下过阵雨，因此确认这一大气光象是月虹。

在美国约克郡斯普敦城，1987年的一个夜晚，一轮明月悬在天空，犹如一个磨光的银盘，光华四射。就在这月色溶溶的夜晚，另一边天空突然出现一道彩虹。有些人为此惊慌失措，认为月夜彩虹是外星人发来的光信号，预示他们即将乘坐"飞碟"光临地球。

彩虹通常是白天雨后出现的。但是，在夜间，只要有明亮的月光，大气中又有适当的雨滴，月光在雨滴上经折射和反射，同样可以形成彩虹——月虹。因为月光是月球反射太阳的光，月虹的色彩同样也是由红、橙、黄、绿、蓝、靛、紫七种可见的单色光组成的。不过，由于月光比太阳光弱得多，因而形成的月虹暗得多。正因为月光较弱，所以多数的月虹都呈现白色。像辽宁省新金县和美国约克郡出现的能分辨出色彩的月虹，为数不多。

奇 晕

天空中飘浮着轻纱般的薄云，阳光从云后透射过来，你会看到太阳的周围有一个相当大的彩色光环。有时在光环上，太阳的两

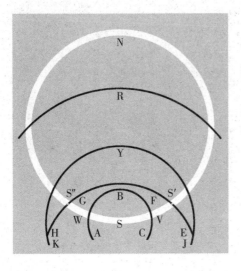

侧,还有两个明亮的光斑。这个彩色光环叫"晕",而那明亮的光斑叫"假日"。

一般的晕,许多人都见过。但是,附有两个假日的晕,大多数人没有见过。

在中国近代史上出现的比较著名的晕有两次。

一次是 1933 年 8 月 24 日 9 时 03 分到 9 时 45 分出现在四川峨眉山上的晕。可惜的是当时没有人拍得彩色照片,只能根据当事人的目睹情况绘制一张示意图。图中 S 是太阳光盘。环绕太阳有一个视半径为 22°的内晕(ABC 环),很亮,靠近太阳一侧呈鲜红色,向外依次为橙、黄、绿、紫等色。这些环都很清晰,很美观。在内晕的外面有一个视半径为 46°的外晕(KYJ 环)。外晕的色带排列与内晕相同,只是稍微暗淡一些。在外晕的外面,还有 90°晕环的一部分(R 光弧),它时隐时现,有时仅露片段,色带模糊不清,只能看到白色的光辉,比其他各环隐没得早。当时,天空中最大的是假日环(WNV 环),它是通过太阳与地平圈相平行的白色光环。在假日环上有两个假日(S′)与(S″),分别位于太阳的两侧。内晕旁有日珥(HGFE 弧),色彩也很鲜明。

另一次是 1934 年 1 月 22 日和 23 日出现在西安的晕,比 1933 年出现在峨眉山上的日晕更为复杂。当时,报纸上这样说:"本月 22、23 两日太阳周围出现数个日晕,光线灿烂,结构复杂,假日及日珥为数甚多,由上午十一时左右起至下午四五点钟后,始渐消失。一时街谈巷议,议论纷纷,而各报社与民教机关请求解答者纷如也。"由此可见,这次日晕之怪和西安人民对这次晕的关注度了。

晕是日月光线通过卷层云的时候受到卷层云里冰晶的折射、反射而形成的。如右图所示,光线 S 从 A 点射入卷层云里的某

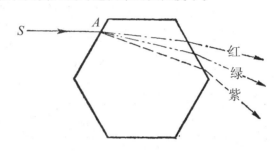

一个冰晶以后,经过两次折射,分散成不同方向的各色光。跟形成虹的情况一样,这各色光中只有一种颜色的光能射入我们的眼帘。如

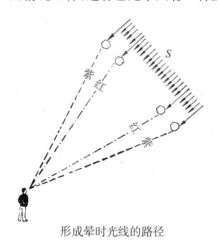

形成晕时光线的路径

果天空中有四个冰晶,冰晶的排列方式如左图所示,上面一个和下面一个折射出来的紫色光和中间两个冰晶折射出来的红色光,正好射到人们的眼帘。事实上,卷层云里有无数冰晶,在太阳周围同一圆周上的冰晶,都能把同一颜色的光折射到人们的眼帘,于是形成了内红外紫的彩色光圈。

为什么伴有假日等多种光象的晕那么罕见呢?晕是光线通过大气中悬浮着的冰晶时,发生折射和反射而形成的。由于大气中

冰晶形状不同，排列的方式各异，光线投射的角度不一，各种颜色光的折射率有大有小，会产生各种不同的光学现象。内晕出现的条件比较简单，因而常见。但是，假日、假日环、日珥、外晕出现的条件相当严格，比如假日形成时要求冰晶的形状是正六角形的，而且要垂直地悬浮着，太阳正好在地平线上；又比如视半径为90°的晕，它出现时要求冰晶呈金字塔状的。这些条件一般很难满足，罕见的道理也就在这里。

光柱林立

1978年1月19日清晨5时前后，在黑龙江省佳木斯市郊公路上，不少人骑着自行车下夜班回家。当时，天空少云，天气十分寒冷，气温达-25.6℃，有零星微雪正在飘落。突然，不少人看到远处有许多明亮的向上竖起的光柱林立在公路两旁，好像那里有许多探照灯垂直射向夜空。光柱还不断闪动，宛如水中月光的光带，十分壮观。远处汽车车头上的灯光也向上射向高空。骑车人加速驶向远处，到了那里看见有许多水银灯，那些明亮的光柱就是由水银灯灯光上展下延而形成的。人们正看得出神，突然光柱消失。此时，夜空中雪花已纷纷扬扬。

这是一种罕见的光学现象，往往出现在下雪之前。这时，空气中已有不少大致成水平取向的板状冰晶和柱状冰晶，而且有一个平面与地面平行。地面上的灯光被冰晶向下的平面反射，反射光集合在一起进入人们的眼帘，于是人们看到了光柱。另外，由于这些冰晶下

降时，像一片树叶那样水平飘落，并随微风不断前后俯仰摆动，反射光也就随之闪动，使光柱宛如水中月光的光带。当大雪纷纷扬扬时，雪花表面很粗糙，粗糙的表面会把光向四面八方散射开去，反射光不可能集合在一起，光柱也就消失不见了。

有时，在太阳或月亮的上方或下方，也会出现闪亮的光柱。有时，光柱会与围绕太阳或月亮周围的彩色的晕相交，形成一个光十字，构成天空奇景。

露面宝光

在法国里昂郊外，一天清晨，许多人到室外散步。这天太阳特别明亮，阳光洒在草地上反射出耀眼闪亮的光芒。突然，有人发现自己在草地上的头影周围有一片白色光亮的区域，于是惊异地把妻子叫出来观看,可他妻子怎么也看不到他的头影周围的白色光亮的区域。

其实,这个人所看到的现象就是"露面宝光"。这是一种比较罕见的大气光学现象,一般出现在天气晴朗的早晨。这时,如果你背对着太阳光、面对着凝满晶莹发亮露珠的草地站着,有时能看到自己头影周围有一片白色或白中带一点绿色的光亮区域。它的奇妙之处是:如果许多人站在一起,每个人只能看到自己头影周围有宝光,却看不到别人头影周围的宝光。

露面宝光是怎样形成的呢?在大片草地上,当草叶挂满了露珠时,草叶上的绒毛所组成的是一片毛玻璃似的不透明乳白色屏幕,而露珠就像屏幕前的一个个透明的玻璃球,玻璃球有放大和聚焦作用。人影投射在露珠上时,它起放大镜的作用,把人影放大。阳光照射在露珠上时,聚焦后的光线在露珠底部的不透明屏幕上反射出来,形成很亮的光环。由于反射光只出现在阳光投射方向的相反方向,所以每个人只能看到自己头影周围的宝光。

峨眉"佛光"

位于四川省的秀丽而雄伟的峨眉山,山上古木参天,茂林修竹,山下河流交错,空气异常潮湿,半山腰经常有云雾缭绕。当你站在海拔3 000多米的金顶舍身崖上,可将峨眉奇景尽收眼底。而此时如背着太阳,面向云海,如果幸运则可巧遇"宝光"出现。

峨眉"宝光"是峨眉山的奇景。自古以来,它吸引着无数游客前去参观,却不是每个人都能如愿以偿。峨眉"宝光"冬季出现次数最多,而且大多出现在日出后半小时到上午9时,或者下午3时后到日落前1小时。当强烈的太阳光从观察者背后射来,射到观察者前面的第一云雾层时,便在云雾水珠的孔隙中发生衍射分光作用。若在离观察者不远的地方又有第二云雾层,通过第一云雾层衍射分光所产生的彩色光便映现在第二云雾层上,被观察者看到。有时太阳光线强烈,观察者看到的是一个巨大的七彩光环,从外到里,按照红橙黄绿蓝靛紫次序排列;有时太阳光线较弱,看到的只是几道彩环,层次模糊;有时看到的只是一个白色的大光环。罕见的是,有时会出现几重光环,愈是向外,彩色愈淡。

这一彩色光环很像围在佛像头部的光圈,所以人们把它叫作"佛光"。

令人神奇的是,观察者的身影也显现在光环之内。头像在光环中心,观察者的一举一动,也都在光环中显现出来。

峨眉"宝光"并非峨眉山独有,只要条件相同,其他山区,甚至平

原、草原和海滨也可出现。例如,中国的泰山、黄山、南京北极阁都曾出现过这种胜景;德国、瑞士、日本的一些山区,也常出现这种光像,那里的人们也可一饱眼福。

蓬莱仙景

1981 年 7 月 7 日,在山东半岛上蓬莱阁附近海面上,曾出现一种奇景。这天,风和日丽,无垠的天宇和茫茫大海相连。蓬莱阁附近海面上泛着金光,远处,淡淡的薄雾为大海罩上一层神秘色彩。下午 2 时 40 分,在蓬莱阁附近海面上,隐隐约约地出现了两个小岛,10 分钟后,岛上的道路、树木、山岭清晰可辨,亭台楼阁显而易见,行人车辆时隐时现,各种景物交相辉映……

过了 7 年,1988 年 6 月 1 日,蓬莱奇景再度出现。那广阔的海面上漂浮着一条乳白色雾带,先是大竹山、小竹山两岛涌起橙黄色彩云,接着,南长山列岛在雾中渐渐隐去,浮现的却是一个神秘的新岛。新岛上,云崖天岭,幽谷曲径,时隐时现,若即若离;仙山之中,隐约可辨的玉阙珠宫,浮屠宝鼎,灵气袭人,堪称奇绝。耸立在丹崖峭壁上的蓬莱阁,烟雾笼罩,朦胧之中亭台阁榭仿佛变成了琼楼玉宇。

上面两则纪实,说的都是蓬莱仙景。蓬莱,是中国古代传说中的仙山之一。相传汉武帝曾登临面海峭立的丹崖山顶,遥望海上,海天茫茫,蓬莱仙山没有见到,只好将丹崖山命名为"蓬莱"。从此,这地名便与神仙联系了起来。据说,"八仙过海"是从这里出发,七仙女也家住蓬莱村。

蓬莱阁是宋朝在蓬莱(即丹崖山)山顶上建造的建筑物,包括天后宫、弥陀寺等6座建筑。在蓬莱阁附近上空出现的奇景,中国古代称为"海市蜃楼"。传说"蜃"是蛟龙中的一种,会吐出一股股气柱,仿佛幢幢楼台亭阁。又说"海市"是"神仙"的住所,存在于虚无缥缈间,因而海市蜃楼又有"空中楼阁"的称呼。

其实,海市蜃楼是一种自然现象,是太阳和大气共同演出的魔术,一般分有上现蜃景、下现蜃景、侧现蜃景和多变蜃景等。上现蜃景大多发生在海面上。

夏天,在风平浪静的海面上,上层空气较热,密度小;贴近海水面的空气受水流影响,温度较低,密度大。当上下两层空气的温度相差较大,密度上稀下密时,周围地平线下的岛屿、城镇、船只等景物投射出来的光线,通过折射和全反射,会沿着上凸的路径到达观察者的眼中。在观察者看来,远方物体好像在他的前上方。由于它是高于实物的正立影像,所以被称为"上现蜃景"。

前面所说的"蓬莱仙景",实际上是距离蓬莱县十多千米的外庙岛列岛的幻影。这种奇景,不只在山东半岛的蓬莱才有,在其他海面、湖面、江面上,只要具备类似的条件,都可能出现。

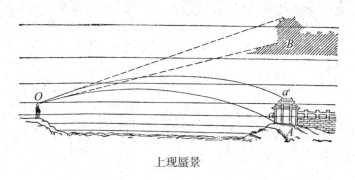

上现蜃景

沙漠幻景

从前,英国一支探险队在非洲南部卡拉哈里沙漠旅行时,曾遇到过这样一件怪事。有一天,探险队员骑着骆驼,在数百里荒无人烟的沙漠中踌躇行进着。酷暑和干燥的天气使得探险队员疲乏不堪,皮袋中的水早已喝光了,嘴唇干得快裂开了。这时,他们多么渴望能早些到达村落或河湖畔、林荫边,好喝上一口清凉的水,在树荫下乘凉啊!忽然间,在前方的沙漠间,出现一个大湖,湖水碧蓝,波光粼粼,湖的两岸绿树成荫,宫殿和寺院高耸入云。探险队员高兴得跳跃起

来。湖似乎不很远,于是他们快速地朝前奔去。他们走过一丘又一丘,但是,说来也怪,蓝色的湖水和树木、殿宇总是与他们的队伍保持那么一段距离,可望而不可即。当人们走得精疲力竭的时候,突然湖水、宫殿、寺院全部消失得无影无踪了。

1957 年 7 月 22 日,一家报纸上曾报道过一个勘探队员在新疆戈壁滩上的奇遇:"当我第一次乘汽车进入戈壁滩,正在口渴想喝水时,突然,透过汽车的玻璃窗发现了一片波光粼粼的湖水,闪着银白色的光辉,水边有葱郁的树木,成群的村舍连同远山的倒影都显现在水中。我咽了一下唾沫,叫司机快开车。可是,当汽车驶到近前,那一片湖水和村庄,却消失得无影无踪了。"

为什么在沙漠里会出现这种奇遇呢?原来这是海市蜃楼中的一种下现蜃景,是太阳和大气跟我们开的玩笑。

在炎热的夏天,沙漠地区白天太阳光灼照,沙土吸热快,被太阳晒得灼热,贴近沙土的下层空气的温度很快升高,体积膨胀,密度随之减小;离地面较远的上层空气的温度热得较慢,气温低,密度大。每当无风或微风的时候,空气得不到搅动,上下空气之间热量交换很少,上下两层空气的气温差异非常显著,并导致下层空气密度反而比上层小的反常现象。这时,在前方很远地方那棵树反射出来的太阳光,通过折射和全反射后,会沿着下凹的路径到达观察者的眼中。在

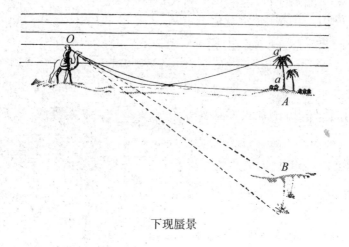

下现蜃景

观察者看来,远方物体好像在他的前下方。由于倒影位于实物下面,所以叫作"下现蜃景"。这种倒影容易给人以水边树影的幻觉,以为远处一定是一个湖,才出现湖面和树木等的倒影。

天上的彩色帷幕

1957年3月2日晚上7时前后,黑龙江省的漠河和呼玛一带,漆黑的天幕上突然间出现了奇特而瑰丽的景象。它变幻莫测,绚丽多彩,观看者如入仙境。刚闪现时,似一团殷红灿烂的霞光腾空而起,一瞬间又变成一条弧形的光带,映红了天空。不久,光带渐渐地变得模糊而成为幕状,宛如悬挂在空中的一幅艳丽夺目的彩色鹅绒帷幕。后来,彩色逐渐变淡消失。到了10时多,北方上空又重新闪现出几个光点,忽隐忽现。光点渐渐地演变成了一幅美丽的彩色光幕，还不时闪现出数支橙黄色的明亮的光柱。接着，光幕和光柱相继消失得无影无踪。

奇怪的是同一天晚上7时07分，新疆北部阿勒泰北山背后的天空也出现了鲜艳的红光，好像那里的山林起火一般。过了一会，在红色的天空中，射出了很多片状、垂直于地面的白而略带黄色的光带，后来光带越来越淡，直到成为银白色。这些光带，由北山背后呈辐射状逐渐向天顶推进，并由北向西慢慢移动。各光带之间呈淡红色，并不断地忽亮忽暗。光带的长度也不断变化，随着光带的延长，原来红色的光幕也就逐渐变淡，最后变成淡红色。7时40分左右，光带伸展到天顶附近。这时候，光色最为鲜明，好像是一束白绸带飘扬在淡红色的天空中。后来，光带逐渐变暗，到10时就完全消失不见了。

这种天上的彩色帷幕，就是自古以来引人瞩目的极光。它是地球极区周围地带经常出现的一种高空大气的发光现象。中国最北部的地区经常可以看到。

那么，这种绚丽而迷人的极光是谁点燃的呢？

起初，人们不知道极光产生的原因，曾编织了许多故事，来解释这种神秘而迷人的光芒。有人说它是上帝神灵点燃的灯，还有人说它是曙光女神所焕发的光彩，因纽特人以为那是鬼神引导死者灵魂上天堂的火炬。在古希腊神话中，人们把极光当作两极地区的神明，说太阳神阿波罗有一个漂亮非凡的妹妹，名叫奥罗拉，她经常在夜空中翩翩起舞，用那飘忽的彩裙和多变的舞姿，迎接曙光的到来。她成了曙光女神，是极光的象征。

经过科学家不断探索，证明极光与太阳活动密切相关。

科学家告诉我们：太阳除了发射光以外，还发射带电的粒子。这种带电的粒子进入地球的大气层，受到地球磁场的作用，就偏向于地磁的南北两极。在南北极以及高纬度地区 80～1 200 千米的高空,带电的粒子流与高空中的稀薄气体猛烈撞击,便发出了光。空气中含有多种气体,如氧、氮、氢、氖、氩、氦、氙等。它们在带电粒子的撞击下,会发射出不同颜色的光,如氖发红光、氩发蓝光、氦发黄光,使极光有橙红色的,有紫红色的,有色淡的,有色深的,变得五彩缤纷。由于大气成分的变化和大气的运动,极光的形态各种各样,有的像空中垂下的帘幕随风摆动,有的像一条彩色绸带飘扬在空中,有的像节日的烟火在空中绽放,有的像强大的探照灯光柱在长空摇曳,有的像彩霞映红北方的夜空;有的光华一闪倏然即逝,有的能持续很长的时间,显得美丽壮观,扣人心弦。

太阳活动具有约 11 年的周期,因此,受太阳活动影响的极光的出现会时多时少,太阳活动最强烈时极光出现最多最强。

极光并非地球独有,其他行星也有。美国旅行者 1 号探测器 1979 年飞临木星时,曾观测到木星也有极光,而且蜿蜒 30 000 千米呢!

日月并升

每逢农历十月初一的凌晨，浙江南北湖畔的高阳山上，人们从四面八方赶来观赏"日月并升"的奇景。

凌晨5时，人们聚集在海拔187米高的峰顶上，面对茫茫东海，焦急地等待奇景的出现。半小时后，奇景终于出现了：一轮红日从水天相连处喷薄而出；稍后，与红日日轮一般大小的淡黄色"月球"，在红日旁边冉冉升起。红黄两轮同时缓缓跳动着，持续约5分钟。此时此刻，东方的天空披上一片绮丽的彩霞，道道金光照耀浩瀚的东海，呈现出犹如铺上无数匹锦缎的彩带，向远处伸展，蔚为壮观。

每年出现"日月并升"奇景的时间，最短的只有5分钟，最长的达31分钟，一般为15分钟。出现的景象每年也不尽相同：有时，一轮红日先从地平线上升起，然后一个黑影跃出，并且在红日旁边上下跃动，不久，红日光芒四射，黑影随之消失；有时，太阳与"月球"合为一体，重叠并一同升起，太阳圆面稍大于"月球"圆面，因而便在太阳圆面周围露出一个明亮的光环，像日环食；有时，"月球"抢先升起，太阳随后露出地平线，形成太阳托着"月球"一起跃动的景象。

对于这种"日月并升"奇景，目前，人们还没有一个完满的科学解释。有的天文学家这样解释：这里背山面海，没有任何物体遮挡，而且山峰与水天相接。由于天文因素，太阳到了农历十月初一便移到东南方，而这天正好月球移到太阳旁边，因而形成"日月并升"的现象。

有的气象学家则这样解释:"日月并升"奇观是一种"地面闪烁"现象,是由于当时近地面大气密度的急剧变化引起的。由于南北湖的自然条件比较特殊,冷暖气流活动频繁,使空气密度不停地变化着。太阳光在不同密度的空气中传播,会产生各种异常的折射现象。这时候看上去太阳在天边忽上忽下、忽左忽右地跳动着。

三日同辉

传说远古时,天空中有 10 颗太阳。大地被太阳晒得裂开了,粮食收不到,饿死许多人。天神羿知道后,便用箭一口气射下了 9 颗太阳。天空中只剩下 1 颗太阳了。从此,大地草木繁茂,五谷丰登。"羿射九日"是神话,但是,天空中同时出现几颗太阳的现象,却时有发生。

1551 年 4 月,欧洲曾发生这类有趣的现象。德国有一座名叫马格德堡的城市,被罗马帝国皇帝查理五世派去的军队团团围困了一年多的时间。城市里的军民都快弹尽粮绝了,人心浮动,危在旦夕。忽然有一天下午,淡白色的天空中同时出现 3 颗太阳和互相交织的

3条彩虹,十分绚丽壮观。这一奇怪现象使城内军民惊恐万分,惶惶不安。他们以为这次三日同辉的出现是天神的示意,是一种不祥之兆,大祸即将临头,城池肯定将被攻破。然而,出人意料的事情发生了,奇异的三日同辉,居然帮助他们的城市解了围,围城的敌军全部匆匆撤退走了。原来,久攻不下的围城的军队见到这一奇异的现象,也十分惊恐,以为这是上帝的旨意,有意要保护这座城市。他们不敢冒犯天威,悄悄地撤除对这座城市的包围,自动离去。

1948年春天,在乌克兰的波尔塔瓦城,天空中布满淡淡的薄云。上午11时前后,太阳左右两旁又各有一个明亮的太阳,同时出现水平光环。接着又出现一个新的彩色光环,围绕着太阳,同水平光环和两个太阳相交。这是一种复杂的三日同辉现象。

在中国,峨眉山和西安出现过三日贯天的现象,而泰山和黑龙江绥化市还分别出现过2颗太阳和5颗太阳的奇景。不过,三日同辉现象更为常见,两日同辉和五日同辉很少见到。

气象学家告诉我们,这种三日同辉是太阳光在大气中玩的一种把戏。原来,天空中有一片半透明的薄云,里面有许多六角形柱状冰晶。当这种冰晶像一段段的绘图铅笔,整整齐齐、竖直地排列在空中时,太阳光射在上面,就会发生很有规则的折射现象。从六角形柱状冰晶折射出来的三条光线都投射到人的眼中,中间那条光线是由中间位置的太阳直接射来的,旁边两条光线是太阳光经过六角形柱状冰晶折射出来的。左右两旁的两个太阳,

实际上是太阳的虚像,也称"假日"。

由于平时飘浮在空中的六角形柱状冰晶常常是不规则排列的,有规则排列在天空中极少出现,因此三日同辉的大气光象就十分罕见。

四角太阳

只要不被云彩遮住,我们所看到的太阳总是圆的。谁要是说看见了方太阳,一定认为他在瞎说。不过,有人确实看到过方太阳,并拍下了照片。1933 年 9 月 13 日,美国学者查贝尔在美国西海岸观看日落时拍到了一组照片:一轮又红又大的太阳在慢慢西沉,开始由圆形变成椭圆形;接着又由椭圆形变成馒头形,上圆下平;渐渐地,太阳的上半部被削平,最后出现有棱有角的方太阳。

四角太阳是怎样形成的呢?

最简单的解释是,太阳光经过大气层时由于上下大气层的密度不同,会产生折射、反射。极地与其他地方不同,常常出现逆温现象,即近地面的气温反而比上面的气温低,因此近地面的空气密度比上层的空气密度大。在这种情况下,地平线附近的太阳光从密度小的上层大气进入密度较大的近地面大气时,光线会明显地向地面这一侧折射弯曲。从光线的折射规律可知,光线从密度较疏的介质进入密度较密的介质时,它的入射角与折射角成正比,即入射角越小,折射角也越小。由于太阳上半部最高点的光线的入射角比上半部其他的光线都小,所以最高点的光线从密度较小的上层大气进入密度较大的近地面大气时,折射角也小,向地面偏折得最厉害。而离最高点

越远(指太阳上半部)的光线,偏折也越小。因此,总的偏折结果,就使太阳上半部的圆弧变成了一条近似的直线。至于太阳下半部的直线,那是因为当太阳降落到某一高度时,从太阳下半部射来的光线被暖和的上层大气反射掉,少部分折射进来的光线又被大气散射,不能进入观测者的视野。所以,从地面观察者来看,太阳下面部分好像被刀子切过一样平直。这样,圆圆的太阳就变成"四角太阳"了。

绿色太阳

在埃及和亚得里亚海沿岸,日出日落的时候常能看到一种奇观,那就是太阳会发出像绿宝石那样鲜艳夺目的绿色光芒。难道这是人们的眼睛产生了错觉吗?不,这里的人们所看到的绿色太阳确确实实是存在的。

原来,这是大气层与太阳给我们玩了一套魔术。平时,我们所看到的太阳光是白光,白色的太阳光是由红、橙、黄、绿、蓝、靛、紫七种单色光组成的。而大气层里的大气密度在靠近地面处最密,离地面愈高愈稀薄。当太阳光经过不均匀的大气层时,七种颜色的光都要发生折射,折射角的大小与光的颜色(波长)密切相关,于是白光重新被分解成七种单色光,这叫"色散现象"。

其中红光的波长最长,色散时折射角最小,其次是橙光、黄光……紫光的波长最短,色散时折射角最大。随着日落,红光首先没入地下,其次是橙光、黄光,这时地平线上还留着绿光、蓝光、靛光和紫光。

而蓝光、靛光和紫光的波长很短,穿过厚厚的大气时,被大气中的尘埃微粒散射开了,人眼几乎觉察不到。于是,只剩下绿光到达人眼,所以人们便看见了绿色的太阳。

由于形成这种奇观的条件之一是要让红光、橙光、黄光的折射光没入地平线下,所以,这种现象只能在太阳刚露出地平线或快落入地平线时才能见到。

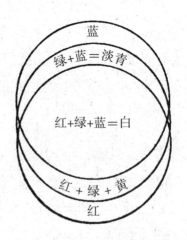

南极白光

在南极,有时会突然遇见一种奇怪的大气光学现象——白光。天上地下,前后左右,远方近处,出现无数道白光,四周一片乳白色,令人目眩。远处的地平线不见了,高山消失了,深谷不知去向,同伴之间只闻其声,却不见其人,万物都融化在这可怕的白色之中。

南极白光常在中午前后出现,持续几个小时。它常给人们带来灾难。1958年,在埃尔斯沃斯基地,一名直升机驾驶员突然遇到白光,不知该向哪个方向飞去,飞机失去控制,结果机毁人亡。1971年,美国一架飞机也因突然遇上白光而坠机失事。

南极出现白光是因为南极天气寒冷、干燥,云中含水量很少,所以吸收太阳光的能力很弱,太阳光能穿过云层直达地面;而地面附近空气又十分干净,空气对太阳光的散射和吸收也很少;加上地面覆盖着一层冰雪,可以将大部分太阳光反射到空中,在云层与地面之间来回反射,从而使天空、地面各地的亮度变得均匀。当各处的亮度基本一致时,便出现白光现象。

无形的"凶手"

1948 年 2 月的一天傍晚,在马六甲海峡的海面上,突然刮起了大风。这时,一艘荷兰货船正在马六甲海峡的海面上航行。狂风涌着万顷波涛,像千军万马向着货船扑去,货船像一片树叶在浊浪滔天的海面上颠簸摇荡。风暴过后,货船的甲板上再也看不到一位水手在操作,驾驶室里驾驶员也不见了,整艘船上一个人影也没有,死一般的寂静,只有机舱里不断传出有节奏的轰鸣声。货船一直朝着一个方向驶去,直到黎明时分停靠在一个海岛的岸边,然而机舱里的轮机依然不停地轰鸣着"轧、轧"的声响……

这个海岛的边防人员发现了这艘空无一人的货船,个个感到疑惑不解。他们猜想:莫非是昨天遇到风暴,一路劳累,所有的人员都在睡觉;还是都上岸打猎、游玩去了;或者是……还是队长有主见,决定派人上去查看一下。登船探视的边防队员小心谨慎地上了船,只见所有的船员都躺倒了,横七竖八地卧倒在甲板上、船舱里、驾驶室内。带队的边防人员敞开嗓门叫喊着,这些人依然躺倒在原地毫无反应。原来这些人全都死了!

边防人员将这件事飞快地向有关当局汇报。当局立即派来法医查找死因。法医对所有死者进行了仔细检查,在死者身上没有发现任何外部伤痕和中毒症状。法医起初认为:船员们的死亡状况与心脏病突发者的死亡状况十分相似。但是,再仔细分析,这么多的船员同时死于心脏病,显然是不可能的。那么,究竟是什么原因造成这一惨案发生的呢？这个问题在很长时间里都没有找到明确的答案，成为一个震惊世界的悬案。

随着科学技术的发展，谜底终于被揭开了。原来是一个看不见、摸不着、听不到的无形"凶手"——次声波作的案。

次声波是一种低频率的声音，它的频率低于 20 赫（人的语言频率为 300～5 000 赫，超声波频率超过 20 000 赫）。次声波的穿透力很强。在空气中每小时能够传播 1 200 千米，在水中每小时可传播 6 000 千米。

次声波在自然界中来源于太阳磁暴、流星撞击、火山喷发、电闪雷鸣和风暴等。海洋中，在风暴的作用下，在波浪表面上方会发生波峰部的波流断裂现象，于是产生次声波。一个不算太大的风暴，次声波的功率可达数千瓦。

那么，这种高强度、低频率的次声波为何能使船上的人员死亡呢？这就要涉及"共振"问题。人体肌肉、内脏器官都有固有的振动频率，当这种固有频率与次声波的频率相一致时，就会发生共振，产生较大的振幅和能量，从而破坏人体组织，致人死亡。

鉴于次声波常给人们带来灾祸，目前世界上已建立了预报次声波的机构。当接收到可危及生命的次声波时，就会立刻向有关方面发出预报，以减少"海洋之声"给航海者带来的危害。

圣爱尔摩火光

相传很久以前，古罗马有一支军队在漆黑的夜间急行军，突然，远处传来隆隆的打雷声，一场雷阵雨就要来了，大队人马为大雨即将降临而担忧。就在这时候，士兵们个个发现在自己的头盔顶上冒出星星点点淡蓝色的火花，他们手上所拿的铁长矛尖头上也闪烁着火花，仔细一听，还有咝咝的声响。这些奇异的火花的出现，使士兵们既惊讶又欣喜，以为胜利之神正向他们招手呢！

1696 年，一艘帆船正乘风破浪，航行在地中海上。突然间，帆船上桅杆顶端出现了一些蓝色的火花，桅杆风向标上的火光则长达 40 多厘米。水手爬上桅杆观看，还听到火光发出的咝咝声响；水手取下风向标，火光马上跳到桅杆的顶端，不久便消失了。

这种火光并不罕见，它常常出现在教堂屋顶的十字架上、高塔的尖顶上、树梢上。这种火光被人们称为"圣爱尔摩火光"。

"圣爱尔摩"的名字是由意大利语圣徒伊拉兹马斯相传而来的。传说他是地中海水产的守护神。水手们不知道出现在桅杆顶端的火

光的来历，以为是神灵在显灵，是上帝派来的守护圣徒——圣爱尔摩在保佑他们，于是，便称它为"圣爱尔摩火光"。

圣爱尔摩火光是一种大气无声放电现象，大多发生在雷雨天气里。雷电发生时，帆船的桅杆、教堂的十字架、树梢等高耸的物体，距离雷雨云层较近，而且它们的顶端是尖的，那里积聚的感应电荷的密度最大，与雷雨云之间形成了很强的电场，可使周围空气产生电

离,引起无声放电,并发出微光。

平时我们看到高建筑物上的避雷针,就是根据这一原理来安装的。在雷雨云还没有向地面放电时,先向避雷针顶端放电,中和了一部分电荷,降低雷雨云与地面之间的电场,从而避免建筑物遭雷击。

黑色闪电

1974 年 9 月 21 日,苏联天文学家恰尔诺夫与另外两位调查人员到野外勘测陨星坑。下午 6 时左右,忽然从不远处传来阵阵轰隆隆的雷鸣声。恰尔诺夫抬头看看天空,整个天空像一幅一望无际的灰色幕布,就在这灰色天幕上不断地出现闪电,先是一道耀眼的蓝光冲破天幕,紧接着轰隆隆一声响雷。恰尔诺夫听了这阵阵沉闷的雷声,知道一场大雨即将到来,便招呼同事赶紧躲进附近一幢房屋。正当他们跨进房子时,狂风暴雨铺天盖地袭来。就在他们庆幸及时躲过这场暴风雨的时候,在他们头顶的上空,又是一阵阵的霹雳声响起。就在这阵阵霹雳声中,恰尔诺夫清晰地看到一种十分罕见的闪电——黑色闪电。这种闪电先是一道夺目的线状光道在天空划开一条裂口,接着是一道黑色闪电在茫茫灰色天空的背景上舞动着。

这种黑色闪电从空中坠落到地面上来时,常常附着在树梢、桅杆、屋顶或金属物体表面上,呈瘤体状或泥团状。当人们用物体去敲击它时,黑色闪电便立即变成火红色(燃烧)闪电,随后便"嘭"的一声,爆炸开来。

为什么会出现黑色闪电呢？原来,大气中,有一种化学性能十分活泼的微粒。在电磁场的作用下,这种微粒便聚集在一起,而且能像滚雪球那样愈滚愈大,形成大小不等的球状物。这种球状物不会释放能量,但可以存在较长时间;它不发光,不透明,所以只有白天才能观测到它。黑色闪电又是一种最危险的闪电。因为人们很容易把它看成是一只飞鸟或其他东西,而且一旦接近它,比如飞机接近它时,会发生爆炸。

雷电治病

鲁宾逊是一名货车司机,他在1971年遭遇了一次车祸,虽然免于一死,但听力、视力每况愈下,一年后便双目失明,两耳失聪。1980

年6月4日下午3时30分，
鲁宾逊在车库旁突然感到
有水滴滴在他的身上，他意
识到外面正在下大雨。他
赶紧拄着手杖，摸索着走回
家。当他走近一棵大树时，
一个霹雳向着他的头顶袭
来。一时间他只觉得周身
麻木，随即摔倒在地上，全
然不省人事。20分钟后，鲁
宾逊醒了。他回到家里，然
后上床便睡。

一小时后，鲁宾逊摸索
着从卧室出来，告诉妻子自己遭到了雷击。喝了一些牛奶以后，便
坐在沙发上直喘气。突然，鲁宾逊双眼一亮，发现自己能看见挂在
对面墙上的一幅油画。他惊喜地大叫起来，他的妻子闻声从厨房里
奔出来。鲁宾逊扑过去拥抱自己的妻子，激动地说："我看见了！"
妻子将信将疑，问："你看见了什么？你说说挂在墙上的钟现在是几
点钟？""5点钟。啊，亲爱的，我看见了，我看见了！""那么你也听
到了我刚才说的话？"妻子问。"我也听到了，听到了！"此时，鲁宾
逊激动得热泪直流，他又耳聪目明了。

消息很快传到原来为鲁宾逊看过病的医生那里。医生仔细地检
查了鲁宾逊的眼、耳和神经系统，对这一旷古未闻的事件做了解释，
认为是雷电产生的强磁场治愈了他的双眼和两耳。

发明避雷针的人

　　1752年7月，一个闷热的傍晚，美国波士顿市郊突然乌云密布、狂风骤起。人们知道雷阵雨即将来临，便各自急速地奔跑起来，想躲避雷雨的侵袭。这时，一位中年男子拿着一只奇特的风筝，拉着一个孩子反而向野外疾跑。他们放松绳子，风筝便顶着呼啸的阵风，摇摇摆摆地飘上了天空。风筝飞啊！飞啊！最终钻进了黑沉沉的云层。人们惊奇地议论着，谁会有兴趣在这样恶劣的天气放风筝啊？原来，这是美国著名的科学家本杰明·富兰克林和他的儿子，正在冒险进行一项惊人的科学实验——吸取"天电"。

　　富兰克林是从1746年开始研究电学的。在这以前，人们虽已知道了"电"这样东西，但对电的了解很肤浅。那时，只知道摩擦能起电，但对电流的本质根本没认识，电的应用更谈不上。1745年，荷兰莱顿市的一个名叫马森布罗克的人发明了一种能容电、放电的"莱顿瓶"，大大促进了电学实验。次年，富兰克林在波士顿看到一位学者在用莱顿瓶做电学实验，引起了他极大的兴趣。不久，他回到费城也仿制莱顿瓶，进行了一系列实验。通过这些实验，他发现电可以从一个物体流到另一个物体。经过思索，他大胆地提出，一切物体中都有一种叫"电火"的电流质，如果电流质过多，物体就带正电；电流质少了，物体就带负电。电的产生不是由于带电体摩擦，而是带电体电荷再分配的结果。这个结论虽然还不能完全正确地说明电的本质，但是已经包含着非常可贵的后来被称作"电能守恒"的思想。

　　1749年，在一次实验中，他进一步发现：带有正电和负电的两个物体尖端，在相接触的一瞬间，会迸出耀眼的火光，并发出"噼啪"的爆裂声。面对这绚丽的电火花，他的脑子忽然闪过一个念头——眼前的火花、响声同天上的电闪雷鸣多么相像！电闪雷鸣是不是大自然的一种放电现象呢？云层里是否也积蓄着大量正、负电荷呢？

　　富兰克林为自己的发现而激动不已，他将实验记录和研究的心得写成《论闪电与电气之相同》的论文，寄到英国皇家学会，得到的却是一片嘲笑。他并不因此而灰心，他坚信真正的科学发现是埋没不了的。于是，他决心自己动手来证实自己的发现。

　　为了探索雷电的奥秘，把天上的电引下来，富兰克林冥思苦想。一天，他看到儿子和小朋友在外面奔跑着放风筝，心里不禁忽地一亮。他找来杉树枝，扎成一个菱形的架子，又贴上能防雨的薄丝手帕，再将一根尖头的铁针插在风筝的顶端，系上一根长长的麻绳，麻绳的末端接一根丝带，在麻绳与丝带的交接处，挂上一把铁钥匙。这就是富兰克林精心设计制作的用来捕捉"天电"的风筝。

　　这个特殊的风筝制成后，富兰克林静候着实验的时机。他知道雷电无情，做这项试验有一定的危险性，但为了探寻科学的真理，他决定冒一次风险。一天午后，天色突然转暗，远处隐隐传来隆隆的雷声。期待已久的时刻到了，他赶紧拉着儿子向郊外奔去。这就是我们故事开头的那一幕。

　　这时候，豆大的雨滴已倾盆而下，钻进云层的风筝和细麻绳被淋得透湿，成为可以让电流通过的导体。父子俩躲在一间小木棚的屋檐下，紧握着没有被雨水淋湿的丝带，目不转睛地注视着风筝的动静。突然，天际亮起了一条扭曲狂舞的"银蛇"，只见麻绳上蓬松的纤维一根根竖立了起来。富兰克林小心翼翼地伸出一根手指靠近麻绳与丝带的连接处，"噼啪"一声，一朵蓝色的电火花从铁钥匙头上跳了出来,他的手臂一阵发麻,赶紧往回缩。啊!这说明云层中的电确实通过风筝和长长的麻绳传下来了。富兰克林情不自禁地大喊:"我捉到了天电,这是天上的电啊!"

他赶快叫儿子拿来事先准备好的莱顿瓶,把风筝上的铁钥匙和莱顿瓶连接起来。他惊喜地看到莱顿瓶充电了。电在瓶里积蓄起来,富兰克林用它点燃了酒精,还做了各种电学实验。

富兰克林的风筝实验震惊了全世界。几千年来,人们只知道雷公电母的神话传说:要是人做了坏事,触怒了天神,就会雷声隆隆,电光闪闪,烧焦树木,击塌房间,打死人畜。人们畏惧神灵的威力,只能祈求上帝保佑。如今,富兰克林揭示了雷电的真正面目,证明雷电不是什么天神作法,而是天上带有正电和负电的云相遇而产生的一种强烈放电的现象。

富兰克林没有为他的惊人发现而自我陶醉,他要将他的知识造福于人类。他想,既然天上的电与地上的电是一样的,那就可以设法"驯服"它,不让它随意施虐,危害人类。富兰克林根据金属棒的尖端容易吸收电流的原理,提出在高大的建筑物顶上都应装一根金属棒,棒的下端连接一根用绝缘材料包裹的金属线,这根长长的金属导线连通到地下。这样,当雷电轰鸣时,天上的电就会被这根金属棒吸引,顺着导线直通到地底,从而保证建筑物安然无恙。富兰克林把这根金属棒称为"避雷针",至今它仍是千万幢楼房和高塔的"保护神"。

避雷针的发明,驯服了雷电,破除了迷信。人们称颂富兰克林"把上帝和雷电分了家"。

巧辨天气

qiaobiantianqi

看云测天

俗话说:"云是天气变化的招牌。"你可以根据云的形状和云的变化来预测天气的变化,给自己的生活带来方便。看云能测天,在民间广泛流传着许多看云测天的谚语。

根据云的形状来预测天气的变化。

"馒头云,天气晴。"这种云顶呈圆弧、底部平坦、像馒头状的白云称为"淡积云"。淡积云不会下雨。

"山云起,大雨临","天上铁砧砧,地上雨成潭"。这种像山峦起伏、奇峰突起、顶部像花椰菜的云称为"浓积云"。它是淡积云发展而来的,往往会下大雨。

"满天乱云飞,落雨像只钉,落三落四落不停。"这种看上去灰黑破碎、随风乱飞的云称为"碎雨云"。它往往伴随雨层云,因此雨下个不停。

"天上钩钩云,地上雨淋淋。"这种白色光洁、前端带钩的丝条状云称为"钩卷云"。它的出现是下雨的征兆。

"朝有破絮云,午后雷雨临。"当一团团形如破棉絮、被称为"絮状高积云"的云团出现在早晨天空时,午后往往会下雷阵雨。

"楼梯云,晒破砖","天上鲤鱼斑,明天晒谷不用翻"。那种排列成条条块块的、缝隙中露出蓝天、阳光可以透过、状似楼梯的踏级或似鲤鱼鳞片的云是透光高积云。这种云的出现是晴天的征兆。但是,如"鳞片"高薄而细密,色白有光泽,不像鲤鱼斑,更像鲢鱼的细鳞,这种云称为"卷积云"。卷积云不再兆晴,而是兆雨了。因此,谚语有:"鱼鳞天,无雨也风颠。"

"清早宝塔云,下午雨倾盆。"在温暖的季节,如果上午出现城堡状的云,则下午很可能出现雷雨。

"天空荚状云,不会雨淋淋。"如果天空中出现一种边缘薄、中间厚、表面光滑、轮廓分明、形似豆荚的云,预示天气晴好。

不仅云的形状,而且云的动向、颜色、厚薄和亮度都能预示天气变化。

"云往东,车马通(天晴);云往西,披蓑衣(天雨);云往南,水满潭(天雨);云往北,好晒谷(天晴)。""云交云,雨淋淋","云相斗,发大风"。"早怕南云涨,夜怕北云生。"这些谚语都是根据云的动向来预测天气的变化。

"红云变黑云,必定大雨临","乌头风,白头雨","早霞不出门,晚霞行千里"。这些谚语都是根据云的颜色来预测天气的变化。

"亮一亮,下一丈","有雨天边亮,无雨顶上光"。这些谚语是根据云的厚度、亮度来预测是否还会下雨。

云,在运动中发展,又无时无刻不在生消演变,因此看云测天气还要看云的演变。

日出之前,霞光万道,漫天红遍,云层尽染。这种被霞光染红了的云通常是卷云或透光高积云。这种云本身不会下雨,但是如果红云渐渐变黑,表明这种云正在变厚,可能变为下雨的云了。

在阴雨连绵的日子里,天空阴暗,灰黑一片,乱云飞渡,但是一旦西方出现一角蓝天,就预示着下雨的云系正在移向东南方,云层正在变薄、升高,第二天是一个晴朗的日子,或只有少量的游丝般的云散乱地游荡在天空。

如果晴朗了一段时间,游丝般的云不再散乱孤立,而是丝条的排列变得整齐起来,云量也逐渐增加,并朝着一个方向移动,甚至在一束束丝条的前端出现镰刀状的小弯钩,那么游丝般的云会不断增厚演变为像丝绵铺满天空、能使日月周围产生彩色晕环的云,带彩色晕环的云会继续增厚,演变为下雨的云。

同样,像馒头状的淡积云只是在一定的条件下预示晴天。如果空气对流十分旺盛,它迅速长高长大,变成浓积云,甚至顶部出现白色的大"铁砧",那么不久就会下倾盆大雨。

"山雨欲来风满楼"

"山雨欲来风满楼",这句话恰如其分道出了风和雨的关系,"风满楼"是"山雨欲来"的先兆。因此,你可以根据风向风速的变化来预测天气的变化。

辨风为何能知晴雨呢?这是因为空气的上升运动和水汽是兴云致雨的两个基本条件。而且,不同的风带来不同的水汽条件和上升运动条件,就会产生不同的晴雨天气过程。这就是辨风能测天的基本道理。

空中水汽的分布,海洋多于陆地,南方多于北方。中国华东地区东临海洋,西连大陆,那里流传着"东风送湿西风干,南风吹暖北风寒"的谚语。东风湿,南风暖,东南风又湿又暖,为云雨的产生提供了丰富的水汽条件,只要有上升的机会,就会兴云致雨。因此,东南风成为下雨的征兆。谚语有"要问雨远近,但看东南风""白天东南风,夜晚湿布衣"。而西风干,北风寒,晴天西北风,预兆继续晴冷无雨；雨天西北风则表示干冷空气已经压境，未来天空将云消雨散。谚语有："西北风，开天锁""春西风，晒被头；冬西北，必转晴"，其道理就在这里。

有了丰富的水汽，要使它上天变成云，还得借助于风。地面上两股对吹的风，入地无门，只能腾空而起，于是夹带着水汽的空气上升、冷却，发生凝结，云就油然而生。在温带地区，对吹的风往往是两股规模大、范围广、温度和湿度不同的暖气流和冷气流。它们相遇时，若暖湿气流强盛，便会爬在冷气流上面向上滑升、冷却，形成云。这时候会出现天上云向（暖气流）与地上风向（冷气流）相反的景象。"逆风行云，定有雨淋""天地不同风，必有大雨临"，云层很快发展、增厚，雨区范围很大，雨连绵不断。有时候，干冷空气势力强盛，犹如一把楔子猛地插到暖空气下面，暖空气被抬升，翻滚涌升似水沸，于是出现一排电闪雷鸣、风狂雨骤的雷雨云带。

风起云涌，云兴雨作，不同风向预示未来不同的云雨变化。但是，相同的风向并不预示相同的天气。辨风测天，还要看具体的条件。

条件之一，要看季节。例如，长江下游一带，东风、南风兆雨，只适用于冬、春、秋三季，夏季则相反，预示晴热、干旱。谚语有："一年三季东风雨，独有夏季东风晴""春东南，多雨水；夏东南，燥烘烘"。同样，西北风到了夏季不再兆晴，而是兆雨了。谚语有："夏雨北风生""春南夏北，有风必雨"。

条件之二，要看风速。东风、南风不大，未必致雨；西风、北风欠猛，未必天晴。谚语："东风有雨下，只怕太文雅"；只有"东风昼夜吼"，才能"风狂又雨骤"。

条件之三，看是否存在转变的条件。"西北风，开天锁"，这是由雨转晴的一般规律。但是，同样的"开天锁"，有时晴天如昙花一现，有时则久晴不雨，这与风向前期转变的条件有关。如果由东南风转东北风再转为西北风,西北风是以逆时针方向转变过来的,则"久晴可期"。如果由东南风转西南风再转为西北风,西北风是以顺时针方向转变过来的,则"晴而不长"。

闻雷知天

闪电、打雷是天气变化的产物,根据它们出现前后的不同情况可以预测未来的天气。

夏天,我们有时看到一块乌云滚滚压来,轰隆轰隆地不断响起雷声,来势很猛,似乎有一场大雨即将倾盆而下。但是,雷声响过一阵之后,仅仅下了几个小雨滴,就很快雨过天晴了。原来,按形成原因不同,雷雨可分为两种:一种是由于冷空气爆发南下,暖空气被冷空气猛力抬升,形成很高大的雷雨云,在气象学上叫"锋面雷雨";另一种是由于局部地区受热不均匀,空气的热对流作用很强,暖热的空气猛烈上升,形成雷雨云,在气象学上叫"热雷雨"。锋面雷雨范围广,持续时间长,常常是先雨后雷;而热雷雨范围小,持续时间短,雨量小,常常是先雷后雨。所以,谚语有"先雷后雨,其雨必小;先雨后雷,其雨必大""雷轰天顶,虽雨不猛;雷轰天边,大雨涟涟"。

盛夏、初秋时节的傍晚,我们常常可以看到天边有隐约可见的闪电,好像即将有一场雷雨来临。但是,等了很久,仍然只见闪电,不闻雷声,也没有雷雨。这正如谚语说的:"闪电不闻雷,雷雨不会来。"这是为什么呢?闪电和雷声虽然同时出现,但是闪电和雷声传播的距离不同。在夜晚,正常人的视力可以看到100千米远处的闪电,而正常人的耳朵只能听到 30 千米远处的雷声。所以,当出现闪电不闻雷时,说明雷雨云距离本地区还比较远。入夜之后,空气对流减弱,雷雨云开始衰退,不会影响本地了,所以雷雨不会来。

根据闪电出现的方位,也可以预测是否会下雨。在长江中下游地区流传有"南闪火门开,北闪雨就来"的说法。这是因为出现在北方的闪电往往是锋面雷雨,随着冷空气的南下,雷雨就会影响本地。而出现在偏南方的闪电,多数是局地性的热雷雨,一般不会向本地移来。

"一日春雷十日雨。"这是流传在长江下游地区的一句天气谚语。春季,长江下游地区仍然受北方冷空气控制,气温比较低,一般不会出现打雷现象。如果出现打雷,表明当时南方暖湿空气特别活跃,未来冷暖空气在长江下游地区交汇的机会更多,阴雨天气持续更长。

"小暑一声雷,倒转做黄梅。"这是流传在长江下游地区的又一句天气谚语,意思是小暑日出现雷声,那么未来仍然有一段时阴时雨的梅雨天气。这是因为按一般的规律,到了小暑,北方冷空气势力已经减弱,退居到黄淮流域,长江中下游地区的梅雨季节应该结束,开始进入伏旱季节。但是,由于各年冷暖空气的势力和进退早晚不同,因而梅雨结束、伏旱开始也就有早有晚。有的年份冷空气势力强,到了小暑节气还不断南下,冲击抬升暖空气,造成雷雨。同时,由于冷暖空气再次在长江中下游对峙,会继续出现一段时阴时雨的天气。

台风到来之前

台风带来狂风暴雨,造成生命和财产的巨大损失,所以每当热带洋面上有台风生成,气象台就会发布预报。那么,如果你在偏远的地方,或收不到天气预报,能否根据某些迹象自己推断台风是否会到来? 能!

台风活动在海洋上,会掀起巨浪。巨浪向四周传播,尤其是在它行进的前方,海浪尤其明显。因此,台风到来之前你能看到从台风中心传来的波浪。这种波浪与一般的波浪不同,浪顶是圆的,浪与浪之间的距离也比较长,在气象学上叫"长浪"或"涌浪",浪的声音比较深沉,每小时传播 70 ~ 80 千米。而当它靠近海岸时,就会变成滚滚的碎浪,使海岸水位提高。如果看到长浪越来越猛,说明台风正向你所在的地方移来。

通常,台风来临前两三天,沿海地区可以听到海响,嗡嗡声如飞机在远处飞翔,又如海螺号角声,或似雷声回旋,夜深人静时声音尤其清晰响亮。如果发现声响逐渐增强,说明台风在逐渐逼近;如果发现声响逐渐减弱,说明台风逐渐远去。

云系变化也是台风到来之前的一种先兆。台风云系的特点是云系围绕它的中心快速旋转,越到外围云越薄越高。因此,根据这些云状的特征,可以大致了解台风未来的动向。例如,当看到东方天边出现乱丝一样发光的云,从地平线上像扇子一样向四处散开来,有六七千米高,往往在早晨或傍晚伴有霞光,说明台风中心距离当地只有五六百千米了。当原来发光的丝状云逐渐增厚,条纹也看不清楚了,说明台风中心距离更近了,只有三四百千米了。以后,随着台风中心逐渐逼近,像破棉絮一样的灰白色的低云从空中飞过。这时,我们面朝着云飞来的方向站着,右手向右平伸,右手指的方向就是当时台风中心所在的方向。只要我们连续观察几次,就可以大致估计台风朝什么方向移动。

台风从东南方向的太平洋上移来,影响大陆的时候,往往先刮偏北风。所以，如果在台风季节出现持续时间比较长的偏北风，就要估计有台风来临的可能性。

台风来临前海洋上会出现浮游生物反常活动的现象。例如，台风来之前三天，经常可以发现海面上出现"海火"，就是海面上出现一点点、一片片的磷光，时隐时现。"海火"是一些发光浮游生物和寄生有磷细菌的某些鱼类在海水表层浮动产生的。有时还会发现一大群鸟急忙飞向陆地，或者因久飞而过度疲倦跌落在船上、海面上或停息在船的甲板上，任人驱赶也不愿飞去。一旦发现这些情况，就应该估计台风即将靠近。

巧识冰雹云

为了写一篇《冰雹到来之前》的文章，记者老钟来到气象局的防雹试验点。登高望远，只见沟川交错、山峦层叠，许多山地林木稀少，光秃裸露，怪石嶙峋，一看便知这里是冰雹的重灾区。防雹试验点就处在两侧群山耸峙的狭长谷地之中。

那天上午太阳似火烧，大地冒热气，到午后3时，冰雹云像一垛黑墙呼啸而来。这就是命令。事先准备好的气象雷达忙着跟踪追迹，星罗棋布的高炮、土炮对准翻腾的云体猛烈轰击。经过一场惊心动魄的战斗，终于使大冰雹化为小冰雹，小冰雹化为雨了。

事后，老钟访问了防雹点的负责人。老钟问道："你们怎么知道这块乌云要下冰雹呢？"负责人找来了几位技术员，给老钟讲起了他们的经验——感冷热辨风向，看云色观物象，听雷声识闪电。

有些地方盛传"早晨冷飕飕,下午冰雹打破头"的说法。这是因为夏天早晨凉爽,露水大,潮气足,中午时分炎炎烈日似火烧,空气热对流强烈,容易产生雷雨云而降冰雹。此外,天气反常闷热,犹坐蒸笼一般,也预示要下冰雹。另外,冰雹发生在强烈的热对流中,所以冰雹来临前风向急剧转变,风向很乱。

"不怕云里黑,就怕云里黑夹红,最怕黄云下面长白虫""天黄闷热乌云翻,天河水吼防冰蛋"。这些天气谚语说明冰雹云的云色非同一般。冰雹云的颜色顶白底黑,云中红色,形成白、黑、红的乱绞的云丝,云边呈土黄色。黑色是因为阳光透不过云体,白色是云体对阳光无选择反射和散射的结果,而红色、黄色是某些云滴对阳光选择性散射的结果。云体发展迅猛,犹如浓烟滚滚翻腾,迅速推压过来。

天气变化时,动植物也会有所反应。例如,山西灵丘县就有"鸿雁飞得低""牛羊中午不卧梁"的说法。此外,还有"柳叶翻,雹子天""草心出白珠,下午雹临头"等天气谚语。至于其中的原因,还不甚明了。

冰雹云的雷声和闪电次数也非同一般。假如雷声清脆,俗称"炸雷",一般不会下冰雹。如果闷雷阵阵,声音拖得很长,犹如推磨之声,响个不停,则冰雹即将来临。这是因为冰雹云中的闪电次数多,闪电时的雷声和回声混杂在一起,使雷声连绵不断。另外,冰雹云中无数的雪珠和冰雹在翻滚时与空气摩擦所发出的呼啸声,也使雷声变得像推磨声一般。

一般雷雨云中的闪电都发生在云与地面之间,称为"竖闪"。而冰雹云中不同部位的闪电特别多,这种云内的闪电称为"横闪"。这是因为冰雹云在形成过程中,云中正负电荷分离,电位差不断变大,最后达到可以击穿大气的程度,于是发生放电,形成横闪。横闪多是识别冰雹云的一个很好的标志。

气象改变生活

qixianggaibianshenghuo

气象与海战

海战不仅受到海洋环境的影响,而且受到气象条件的影响。两者共同作用时,舰艇的安全、海战方式和胜负会受到很大的影响。

自古到今,海战中双方总是尽可能把自己的舰队机动到上风方位。因为交战时"占上风位置"会带来很大的主动。而航空母舰的机动情况则相反,最好在对方的下风方位,因为逆风有利于航空母舰上的飞机起飞和降落,最不利的是风从舰尾方向吹来,这时航空母舰必须调头并快速航行,直至飞机起飞为止。

在第二次世界大战中,有好几艘德国舰艇突然沉没。据推测,这是由于海洋下面的水流异常而造成的。而海洋中水流异常往往是海上气象条件异常造成的。

台风对洋面上的舰艇威胁很大。历史上,由于未能掌握海上风暴的活动情况,舰艇遭重创的例子很多。公元前 1492 年,波斯王率300 艘海船、2 万人入侵希腊,结果遭遇风暴,全军被海浪淹没。美国独立战争期间,出现在安的列斯群岛的飓风使英美双方 400 多艘舰艇沉没,4 万人葬身鱼腹。风浪使水面舰艇受到剧烈的摇摆,航向难以掌握,而且大大影响舰艇上武器的作用。1916 年 3 月,一艘英国巡洋舰与一艘德国驱逐舰遭遇,由于风浪使双方剧烈摇摆,都无法使用武器,结果英国巡洋舰采用撞击德国驱逐舰的要害部位的办法,取得主动。

海雾对舰艇作战有利有弊。舰艇在茫茫大雾中航行,定位和通信极为困难。有雾时射击、拉雷难以操作。但是,海雾也能助战。第二次世界大战中,有许多随海雾一起登陆而奇袭对方,或在茫茫雾霭中悄悄地突围,摆脱对方围困的战例。1940 年,英国、法国、比利时三国 33 万军队被德军围困,后来英国预测并利用了英吉利海峡的浓雾,动员所有船只,从小港敦刻尔克撤出;而德国空军由于天气条件恶劣,飞机无法起飞,只好看着敌人从自己的眼皮底下逃走。

迦太基人巧借东南风

在今天非洲北部的突尼斯,两千多年前居住着名叫迦太基的民族。为争霸地中海,与欧洲南部的亚平宁半岛上的罗马帝国不断发生战争。

公元前 216 年 4 月,年仅 31 岁的迦太基统帅汉尼拔指挥几万大军,突然袭击古罗马东南部巴列塔附近的坎尼城,缴获大量物资。罗马宫廷得知后十分震惊,派出几万大军,决心同迦太基人在坎尼城决一死战。

汉尼拔是一位出色的指挥官,他了解坎尼城一带的天时地利情况,掌握当地夏季中午前后有东南风劲吹的规律。他利用这股风,竟大胆地将兵马面向西北方向背风布阵。

8 月 2 日上午双方军队分三路对阵。汉尼拔命中路的迦太基士兵一面作战一面退却,引中路罗马军队进入腹地。罗马军队指挥官求胜心切,不知是计,以为敌军溃败,下令全部将士迅速追击。而迦太基骑兵则乘虚而入,从两侧包抄罗马军队。

中午时分,两军激战犹酣之时,东南风刮起来了。狂风卷起尘土向罗马军队扑面而来,风沙迷住迎风前进的罗马士兵的双眼,看不清敌情,无法投掷梭镖和箭石。相反,迦太基军队士气大振,借助风力开始反攻,顺风投出的标枪、箭石既远又猛,大大增强了杀伤能力。在狂风袭击下,罗马军队前后受敌,死伤惨重,欲撤退,但退路被堵截,将士大量死亡,总指挥也阵亡。

天黑时分,风沙才随东南风平息而消散。这一天,迦太基人以6 000士兵消灭了罗马7万军队,赢得胜利。

这是古代一次利用风取得战争胜利的典型战例。

一场浓雾定胜负

1804年,拿破仑称帝后,为了实现称霸欧洲的野心,对外不断进

行侵略。为了对付拿破仑的侵略行径，英、俄、奥三国结成了同盟。

1805 年，奥、俄两国皇帝商量对策，组成联军，决心在奥斯特里茨(今捷克布尔诺附近的斯拉夫科夫) 与拿破仑决战。奥斯特里茨是个丘陵地带，除北面以外，其他三面有许多河流和湖泊。

法军由拿破仑亲自指挥，俄、奥联军分别由俄国皇帝和奥国皇帝督战。所以，这次交战被称为"三帝会战"。

12 月 1 日，联军进入奥斯特里茨以西 6 千米左右的普拉岑高地，占据了有利的地势。而法军则沿丘陵谷地布阵。显然，联军在人数和地势上占了上风。

决战开始前夕，为了鼓舞将士的士气，拿破仑巡视了整个营地。所经之处，士兵们个个高举用稻草做的火把，并高呼："皇帝万岁！"欢迎他们的最高统帅。驻守在高地上的联军，看到法军阵地上一片火光，猜想法军正准备向南转移。过了一些时候，火把全熄灭了。这时，联军再向下望去，只见白茫茫一片，前沿的哨兵高喊起来："法国军队撤离阵地了！法国军队跑了！"联军长官信以为真，连忙下令于12 月 2 日拂晓之前撤离高地，开始追击，企图切断法军南撤的退路。

日出之后，拿破仑从指挥所中看到联军撤离了高地，便命令两个师攻占制高点。接着，拿破仑命令士兵将几百门大炮拉向高地，向南方轰击。

法军从西、北、东三面夹击联军，联军只有南面一条退路。原来，南面有大大小小的湖泊，因时值寒冬，湖面已冰冻；湖间小路狭窄，大队人马难以通过，联军士兵只好争先恐后地踏上冰冻的湖面。正当联军士兵高兴地以为自己终于得救了的时候，突然一阵巨响，湖面上的冰被法军的大炮炸裂

了。联军人仰马翻，纷纷落入湖中，被冻死或淹死。

这次战争拿破仑大获全胜，联军被瓦解。

拿破仑获胜，除了他指挥正确外，一场大雾帮了他的大忙。原来，战场周围尽是湖泊，空气中的水汽很多，而法军大量的稻草火把点燃后，大气中增加了许多灰尘，天气又冷，所以空气中的水汽都凝结在灰尘上，便形成了一场大雾。法军集结在谷地中，被大雾笼罩。在夜色中，联军向前望去，只见白茫茫一片。联军瞭望哨兵把白茫茫的一片当作空地，以为法军撤退了，联军指挥官便匆忙作出撤离高地追击法军的决定。联军本来占领有利的地势，却被一场大雾给骗了，丢弃了高地，最后反而以失败告终。

暴雨与滑铁卢战役

1815 年 6 月，拿破仑军队与联盟军队之间进行了一次大规模会

战。战场就在今天的比利时首都布鲁塞尔南部滑铁卢村以南 5 千米处。这次战役拿破仑投入将士 7.2 万人,联盟军(包括英、荷、比、德的军队)和普鲁士军共 11.3 万人。

6 月 17 日,交战双方摆开阵势,准备第二天决战。当天晚上,拿破仑在指挥部的大比例地图前拟定具体的作战方案:早晨 6 时发起攻击,中午结束战斗,速战速决,前后计划用 6 小时。然而,"老天爷"并不帮忙,恶劣的天气降临了。午夜刚过,疾风激雷后,紧接着是一阵如注的暴雨。

黑夜过去,曙光初现。一夜过后,战区的地形变得面目全非,沟壑纵横,泥浆遍地,战马的四腿陷入泥泞的道路,战车的轮子则被淹没了一半。18 日上午 8 时,依然细雨蒙蒙,拿破仑不得不把总攻推迟到上午 11 时 30 分进行。昨晚的一场暴雨给法军的军事行动带来极大的困难:步兵艰难地向高地推进,陷于泥泞中的炮车难以启动,军队还没有与联盟军接触便累得人困马乏了。尽管如此,拿破仑的意志顽强,仍镇静自若地指挥着,士兵也愈战愈勇,终于突破联盟军的防线。但是,在决战的关键时刻,由于道路泥泞,援军未能及时赶

到,同时,由于总攻时间推迟,给联盟军得到了充裕时间,使联盟军的援军及时赶到战场,前后夹击,致使战局急转直下,拿破仑军队以失败告终。在这次战役中拿破仑军伤亡2.5万人,被俘9 000人。4天后,拿破仑被迫第二次退位。

对于拿破仑军在滑铁卢战役中的惨败,法国文学家雨果在《悲惨世界》中揭示说:"1815年17—18日的那天晚上,多几滴雨或少几滴雨,对拿破仑来说是一种胜败存亡的关键。"

施琅妙用天气收复台湾

清朝康熙年间,施琅巧妙利用气候条件收复台湾,是一个著名的气象战例。

1681年,清政府平定三藩之乱后,康熙皇帝任命施琅为福建水师提督,命他"相机进取",限期收复台湾。

施琅奉命即至军中,并向康熙帝上疏提出他的攻台部署。他说:"台湾战船久泊澎湖,全力固守。冬春之际大风频频,我兵船难以过洋。在此期间,练习水师,并派遣间谍去联络旧部,作为内应,等待顺风之机,即发兵可全胜。"

施琅把选择出兵的机会、时间、风等条件作为一件大事,派专人查阅天气、气候资料并进行实地海情和风的观测,基本熟悉和掌握了台湾海峡的气象情况。他发现夏季台湾地区高温多雨,能见度好,特别是在偏南风风速和缓的情况下,有利于战舰横渡海峡。

1683年7月8日,施琅率领大型战舰300余艘,中小战舰230

余艘,水兵2万余人从福建沿海扬帆起航,一路乘风破浪,直取澎湖列岛。在几天的战斗里,多数时间刮柔和的偏南风,处于上风的清军可以顺风扬帆快速前进冲击敌人。刚开始,双方互有胜负。但是,台湾郑军始终处于逆风被动挨打的局面。特别是7月16日的决战最为激烈,战斗打响后清军迅速利用有利的西南风条件,以多艘战船围攻郑军一艘,集中兵力作战。当天,清军击毁郑军大小战舰200艘,消灭其主力1.2万人,降敌军近5000人,缴获许多船只和武器装备,很快攻克澎湖列岛。此战役一举消灭了郑军的精锐部队。收复澎湖列岛等于打开了台湾的门户,台湾全岛人心惶惶。随后不到一个月,台湾郑氏集团被迫接受招安,台湾正式收复。

锋面天偷袭珍珠港

1941年底,日本为了实现其南下太平洋的野心,派突击舰队偷袭了美国夏威夷的珍珠港。舰队在海上航行了12天,一直没有被美方警戒网发现。12月7日拂晓,日军出动350架飞机,分成两批实施攻击,前后仅两个小时,共投鱼雷50枚、炸弹556枚,使美国太平洋舰队遭到毁灭性的打击。

事后,美国人发现日本人在偷袭珍珠港时有效地利用了当时的锋面天气。日本舰队从冷锋后面进来,不易被发觉。空袭时珍珠港上空多云。一个美军军官在追忆那天早上的情况时写道:"头顶上正好有足够的碎云,保护了日本人,却引起我们高射炮火的混乱。日本人有一个了不起的气象台,并充分地利用了它。"

"普雨林"号遇台风死里逃生

1980年8月5日,货轮"普雨林"号从美国东部的基韦斯特港出发向南驶去。三天后,气象台发布警报,大西洋上有一个叫"艾伦"的台风正在向西北方向迅速移动。

"普雨林"号必须尽早抵达牙买加最北的海岸港口,才能避免被"艾伦"葬身海底的危险。但是,气象报告说,"艾伦"似乎抓住"普雨林"号不放,冲着它而来,"普雨林"号不可避免地要与"艾伦"相遇。

傍晚,东方天空一片宽阔的黑色风暴云带迅速升起,风越来越大。过了一会,船首的桅杆被吹断了,货轮被五六米高的巨浪包围了,海水像被烧开了似的翻腾着,霹雳声中暴雨从天空向下倾泻。

船长巴利是位见过大风大浪的人,不过他从未遇到过如此凶猛

111

的台风，心里明白今天很难逃脱这个台风的袭击。

巴利船长命令大家坚守岗位，见机行事。到晚上 9 时，风速达到了最大，货轮一会儿被抛到三层楼那么高的浪尖上，一会儿又重重地被摔向浪谷。晚上 10 时，货轮已遭到严重的损坏，船员们也被摔得伤筋断骨。这时，巴利船长不得不决定弃船。

船员们个个将自己绑缚在几块大舱盖上，在大海上漂来漂去，痛苦地望着远去的货轮慢慢地沉下去，感觉到马上要离开这个世界了。

正当他们绝望之际，奇迹出现了：风不再怒吼了，风浪越来越小，黑云消散了，天空中的星星在闪烁，一弯明月放射出银白色的光辉，四周十分宁静。仅仅只有十几分钟，他们好像到了另一个世界。此时，他们尽管筋疲力尽，昏昏沉沉，死死抱着舱盖，但心中出现了希望，等待着救援。

正当他们心中出现希望的时候，天边又出现了大片的台风云，他们意识到今天必死无疑。

可是，奇迹再一次出现，天边的台风云并没向他们袭来。这意味着台风移动的方向改变了，船员见此状况，心情终于平静下来。

过了 20 分钟，一束探照灯划破了黑色的夜空，巴利和他的船员们终于遇上了救星，这是一艘被"艾伦"刮偏了航线的挪威油轮。他们终于得救了。

几天后，巴利才知道，"艾伦"是大西洋上有记录以来第二个最强大的台风，使 230 多人死亡，造成了数亿美元的损失。唯独他们进入了台风中心区,才幸免于难,新闻界把他们称为"穿过死神胯下的英雄"。

台风是一个圆形的空气旋涡,中心是一个风平浪静、晴空无云的区域,周围则是狂风暴雨区,再往外是大风区。"普雨林"号货轮先进入狂风暴雨区,所以巴利船长只好命大家弃船逃生。巧就巧在他们恰好进入台风中心,所以出现了第一次奇迹;而后出现了第二次奇迹,台风移动方向突然改变,他们才得以避免再次进入狂风暴雨区,死里逃生。

气象情报战

1944年6月8日凌晨,法国北部诺曼底海滨,一场暴风雨刚刚过去,空气清新,格外宁静。突然,一次闻名世界的诺曼底登陆战役爆发了。英、美组成的盟军利用这种有利的气象条件,派出15.6万士兵,1 200艘战舰,数以百计的坦克从诺曼底海滩登陆。

英、美盟军为了夺取这次战役的胜利,早在4年前就开始准备了,而最早的准备是静悄悄的气象情报争夺战。

1940 年 5 月 10 日,罗伯特·斯特将军率军从冰岛首都雷克雅未克登陆,拆除了设在那里的德国气象站,建立了自己的气象站,占领了北冰洋腹地、气象要地扬马延岛;此后,德国设置的挪威气象站也被英国气象站所代替,德国在斯匹次卑尔根岛、罗弗敦群岛上设置的气象站也被摧毁。德军在海上的气象船舶也被盟军摧毁或扣留。盟军对远处的气象站用无线电波进行干扰,对中立国的气象站不惜重金收买气象情报。

德军因缺乏气象情报而常常失利。侦察飞机因风暴而坠毁,船只因不明风向风速而沉没,无数的德军因不了解气温变化而被冻伤或冻死。而盟军则掌握了大量的气象情报,可以准确地预报登陆前的天气情况,抓住最佳的登陆时机,为这次顺利登陆创造了有利条件。

破案的气象学家

戴维·默多克是一位气象学家,可他经常进出警察局,被刑侦处请去从事疑难案件的侦破工作。1978 年 2 月,加拿大多伦多市的一位 8 岁女孩,失踪 4 天之后才被人发现。这是件谋杀案。警察局内定一些嫌疑犯,他们却能证明在这 4 天之内大部分时间并不在作案现场。警察局长为此而烦恼起来。后来,他突然想起,一些犯罪分子常利用雨天、雪天、大雾天、大风天作案,是否此案也能从天气变化的资料中找得一点线索呢?于是,他请来戴维·默多克先生。

默多克先生到了现场，发现女孩的脸上覆盖着一层雪融化后又冻结成的薄冰。这就是说，这位女孩死后，气温曾回升到0℃以上，使死者脸上的雪融化，然后气温又下降，融化的雪又结成一层薄冰。默多克先生从当地气象局那儿借来气象资料，又与另一位研究体温过低症的专家进行分析，确定死亡时间是她

失踪后两小时。这样，可以排除大部分嫌疑犯，而只要寻找这两小时内在场的那几个嫌疑犯的罪证。有一个嫌疑犯，无法证明自己在这两小时内不在现场，再依据其他罪证，警察局终于查出他就是此案凶手。

默多克从事这方面的工作已经多年，而且战绩显赫，所以有人称他为"气象福尔摩斯"。

冬季忧郁症

每当寒冬到来之际，在一些高纬度地区，不少人变得嗜睡和贪食，体重明显增加。按中国人的习惯，冬季是进补的季节，嗜睡和贪食是一种正常的生理现象。但是，这些地区的人体态是胖了，情绪却

变得易怒、忧郁，身体疲劳，精力减退，注意力分散。待到来年，冰雪消融、大地回春之时，这些人的精神又变得正常起来。在加拿大，每年冬季有成千上万人会患上这种冬季忧郁症，在美国北部、冰岛、挪威、芬兰、瑞典、荷兰，也有不少人出现同样的情况。

为什么会出现这种怪现象呢？原来，在冬季，阳光照射时间减少，光照很弱，黑夜时间长，人体的生物钟不适应这种环境的变化，造成内分泌失调，生理节奏被打乱，从而导致精神错乱，出现嗜睡和贪食现象。如果让这些人迁居到日照时间长的地区，尽管那里也是冬季，但这些症状均会消失。

所以，阳光是一种天然兴奋剂，过多地晒太阳固然有害人体健康，但少晒太阳也会使人感到疲倦，精神烦躁不安。适量的阳光照射，可以活跃新陈代谢，健全神经系统功能，提高对疾病的抵抗能力。为此，每当冬季，这些生活在高纬度地区的人们便纷纷前往地中海国家度假，躺在沙滩上晒太阳。

现今，医学上已用光线疗法来治疗这种季节性忧郁症。用一个设计精巧的盒灯，让患者戴在头上，再使灯光透过两个小孔，射入患者双眼，一星期之后百分之八十的患者情况好转。

冬天里的"杀人帮凶"

大雾,白茫茫的一片。它不仅影响城市交通,造成空难和海事,而且还是个杀人"帮凶"。

1952年12月5—8日,大雾笼罩着英国首都伦敦,城市上空还同时有两个逆温层,使工厂排放出来的大量有毒污染物聚集在逆温层下,在短时间内无法扩散出去,造成成千上万的居民患上呼吸道疾病,4天中就有4 000多人死亡。

20世纪,震惊世界的大气烟雾事件发生过8次,死伤人数达10万。

大家都知道烟雾事件的罪魁祸首是大气中的污染物,但都忽略了雾和逆温层是藏在背后的"杀人帮凶"这一事实。

冬天温度较低,特别是近地层冷却得更厉害,因此,容易形成大雾和在一定高度出现逆温现象,雾和逆温层同时出现便使大气污染严重加剧。当大雾弥漫时,大气污染物会发生一系列的物理化学反应,从而产生新物质。如二氧化硫在大气中被氧化后,与雾滴结合成硫酸气溶胶,若再与光化学烟雾相遇,其危害就更大了。这时,若再遇上逆温层的阻挡作用,空气就无法对流,逆温层下的污染物就很难穿过逆温层向上扩散,逆温层内风又小,阻止了污染物在水平方向扩散,毒性强的污染物无路可走,只好弥漫在逆温层下。逆温层愈厚、维持时间愈长,人们呼吸有毒空气的时间也愈长,所受的毒害也就愈严重。所以说,大雾充当了杀人的"帮凶"。

建筑与气候

在中国,人们的住所有内蒙古大草原的毡包(蒙古包)、云南中南部的竹楼、陕西和山西的窑洞、城市里的高层建筑……真是五花八门。这些结构独特、风格各异的房屋,不仅与当地民族的爱好和习惯有关,最重要的还与当地的气象条件诸如温度、湿度、雨量、风、太阳辐射等密切相关,因为只有房屋结构与当地的气象条件相适应了,才能形成一个使人感到舒适的室内小环境。

北欧冬天比较冷,风大雪也大,因此,像英国、荷兰、俄罗斯等国家,便把房子的窗开得特别小,墙厚而密实,这样可以减少冷空气进入室内,把寒冷对室内的影响减小到最低程度。那里屋顶的坡度也很大,以便减轻积雪对房顶的压力而不使房屋被雪压塌。

中国东北,冬季长而且寒冷,因此,房屋的外墙很厚,屋顶又加盖防寒层,北面不开窗,朝南开大窗,设双层玻璃,使屋内接受更多的阳光。

南方的热带地区,则又是另一番景象。那里高温、多雨,因此,建造房子时就必须考虑降温、通风、防雨等因素。这样,南方房屋的墙就比较薄,门窗尽量对着开,大多数房屋建有凉台。多雨地区的屋顶坡度较大,屋檐伸出较多,既可挡雨,又可遮阳隔热。湿热、多雨的地方,人们住在竹楼上,由于位置较高,既通风凉爽,又防潮。

较奇特的要算草原上的毡包。这是一种圆形或圆锥形的活动房,用条木结成网壁与伞形顶,上盖毛毡,用绳索勒住,顶中央有圆形天窗,易拆装。这种房子冬季可防寒潮的袭击,夏季可减少阳光的照射,较适合牧民的游牧生活。

雷击"阿波罗"飞船

1969年11月14日上午,美国总统尼克松、副总统阿格纽以及国务卿基辛格等重要人物,都怀着极大的兴趣来到美国肯尼迪航天中心第39A号发射场。究竟有什么新鲜事把这么多头面人物都吸引到这里来呢? 原来,这里就要用土星5号运载火箭发射阿波罗12号飞船,这是第二次载人登月飞行,因而格外引人注目。

当时发射场周围虽然低云密布、细雨霏霏,但是,地面风速并不大,大气扰动也不太强,距发射场32千米范围内也无雷击,所有这些气象条件都在发射飞船的允许范围之内。于是,阿波罗12号飞船在

11 时 22 分正式起飞。起飞后，开始一切正常，可是，意外很快发生了。在雨中观看的观众突然看到从火箭顶部的云层到地面之间，出现了两道蓝色的平行闪光带。与此同时，指令舱中的警铃响了，报警灯也亮了，地面指挥中心传来驾驶长的报告：雷击后 3 个电池与母线自动切断，造成飞行平台失控等不正常状态。过了 16 秒钟，又发生一次闪电，舱内进一步遭到破坏。

这时，雨中的观众都惊呆了，生怕飞船失事坠落。还好！由于航天员采用备用设备排除了故障，从而保证了飞船顺利登月。这就是航天史上有名的雷击载人飞船事件。

在当时的气象条件下，根本不可能产生自然雷击。那么，阿波罗 12 号飞船为什么会遭到雷击呢？原来，这是一种诱发闪电现象。那是因为飞船和发射飞船的运载火箭是个导体，运载火箭起飞后喷出的火焰气流中有许多带电粒子，带电气流加上运载火箭，总长度约有 400 米，这相当于一根 400 米长的"导线"在电场中迅速运动，从而大大改变了大气电场，使得这根"导线"两端与云、地之间的电势迅速增高，并将大气击穿，于是就产生诱发闪电现象。这种现象在其他场合也会产生。

呼风唤雨
hufenghuanyu

人工降水

随着科学技术的发展,人们开始探索用人工的方法催云降水了。

1839年,有人在地面上燃起熊熊大火,以为烟雾能引来雨水。1890年,有人用大炮把炸药送入云中,让炸药在空中爆炸,期待下雨。1918年,有人用小火箭向空中施放一些制冷物质,企图造云致雨。但是,这些试验都失败了。这是因为当时人们不懂得雨的来龙去脉。

直到1933年,瑞典气象学家贝吉隆提出了著名的"冰晶降水"理论,才使人们有了人工催云降水的理论基础。在冰晶和水滴共存的云层中,只要有足够多的冰晶,水滴就会迁移到冰晶上去,使冰晶迅速增大。冰晶增大之后,随着上升、下降的气流在云中运动,互相碰并,进一步增大。冰晶增大到上升气流托不住的时候,就开始降落,经过气温高于0℃的云层时,就融化为雨。贝吉隆的这一理论成为当时人们进行人工催云降水的理论指南。

后来,人们发现低纬度地区夏季的阵雨并不全部产生在温度低于0℃的冷云里,而是常常产生在温度高于0℃的暖云里。贝吉隆的理论没法解释这个现象。而这一事实引起了另外一位科学家霍顿的注意。当时,他正在研究凝结核在成云过程中的作用,发现大气里常有一些吸湿性比较强的微粒,可以使水汽在它上面凝结而成为雨滴。1938年,他提出了暖云降水的理论。这个理论就是云中大小水滴在重力的作用下下降,大水滴沿途赶上和碰并了小水滴,逐渐增大,落到地面,产生降水。

1946 年，美国化学家朗缪尔又发现，大小水滴在下降过程中，受上升气流的猛烈冲击，会破碎成许多较小的水滴，形成雨滴大量繁殖的"连锁反应"。这一发现使暖云降水理论更加完善，成为人工影响暖云降水的理论指南。

有了正确的理论作为指导，人工催云降水工作便蓬勃开展起来了。

第二次世界大战期间，朗缪尔研究飞机在穿过云层时机翼外表结冰的课题。他和谢弗受命去美国的新罕布什尔州，因为那里终年寒风凛冽、雪暴频繁。

他们在工作中发现了一个奇怪的现象：虽然云中有的地方温度已在 0℃以下，但没有一粒冰晶。谢弗想，这大概是云中缺少细小的微粒，因为水汽必须以微粒为中心才能在上面凝华成为冰晶。于是，谢弗制造了一台能产生人工云(冷湿水蒸气)的制冷器。有一天，谢弗往制冷器内呼了一大口气，再逐渐冷却，过一会儿，他又往制冷器内撒了一些面粉，结果没有发现制冷器内有冰晶产生。相同的实验他做了几个月，始终没有成功。看来，面粉不能成为水汽凝华的中心。

有一天上午，炎日当空，谢弗的一位朋友邀请他去吃饭。临走时，他把制冷器盖得好好的，不让冷湿空气散逸出来。谢弗吃完饭后回到制冷器旁，一看里面的温度已在 0℃以上，心中很纳闷。他只好重新开始制冷，把盖子盖紧，等待里面的空气降温。他盯着温度表，嫌空气温度下降得太慢，心里有点着急。此时，他转身随手取了一点干冰，想让空气降温的速度加快些。他打开制冷器的盖子，把干冰扔了进去，又向制冷器长长地呼了口气。没想到奇迹突然出现了，他感到眼前一片银色的光芒在闪烁。用手电筒一照，看见了无数晶莹的银白色晶体在滚动。此时，他高兴极了，没想到梦寐以求的冰晶，经过无数次的失败，现在一下子变成了现实。看来，通过冷却也能产生冰晶。他连忙又往制冷器里呼了一大口气,又撒了一大把干冰,结果产生了更多的冰晶,冰晶徐徐下降,互相碰撞,结成了雪花。

他继而又想,既然在实验室中获得了成功,何不上天在云中试验? 11月的一天,他带了干冰,登上飞机,进入一片云层。他在云中撒干冰,朗缪尔在地面观察。当他把干冰全部撒完后,朗缪尔看见了洁白的雪花从云中徐徐地飘落下来。朗缪尔激动极了。当谢弗回到地面,朗缪尔急忙迎上前去拥抱他,高兴地叫着:"你创造了奇迹。"

用干冰能催云降水,但干冰有不少缺点。后来,美国的化学家冯尼古特经过多次试验,终于找到了一种更为理想的物质——碘化银。

人工催云降水终于成功了,是谢弗和朗缪尔给苦于干旱的人们带来了甘霖。至今,人们还缅怀他们的功绩,传颂着他们勇敢的探索精神。

人工可以消雾吗

大雾笼罩机场,飞机便不能起飞和降落。海上大雾弥漫,船只便航向不明,容易引起轮船相撞事故。1977年,两艘巨轮因海雾而相撞,损失惨重。大雾能使城市交通瘫痪,也会造成空气混浊,使人易患呼吸道疾病。1952年,伦敦烟雾弥漫,患病人数急增,4天内有数千人死亡,成为轰动世界的要闻。

由于军事、航空、航海部门的需要,人们很早就将人工消雾提到议事日程上来了。

云为天上之雾,雾为地上之云。既然,人们可以让天上的云降水,当然也可以驱散地上的雾。不过,大面积人工消雾,代价实在太大。目前,人工消雾主要用在机场上,目的是为飞机安全起飞和降落创造良好的天气条件。

雾与云一样,有冷雾与暖雾之分。

消除冷雾比较容易,在地面附近撒播干冰即可。干冰进入雾区后,产生大量的冰晶,经过冰水转化,冰晶不断吸附雾滴而壮大,最后落到地面,达到改善局部地区能见度的目的。有些国家在地面上燃烧制冷剂,也可以收到消雾的效果。

消除暖雾比较困难。早期在机场上燃烧大量的煤油或其他燃料,使机场跑道上的气温升高,雾滴蒸发,能见度改善,保证飞机安全着陆。还有一种方法是用直升机在机场上不断地上下飞行,把上面干燥的空气与下面的湿空气搅混,降低湿空气的浓度,使雾滴蒸发,达到消雾的目的。

现在,人工消雾用得比较多的方法是撒播吸湿性物质。吸湿性物质不断吸附水汽,最后碰并增大而落到地面,雾的浓度降低,能见度随之变好。

人工影响雷电

雷电不仅会影响飞机、导弹的安全飞行,干扰无线电通信,而且可击毁建筑物、通信线路的支架、电杆、电气机车,损坏计算机、网络等设备,引起火灾,致人死亡。

人们很早就想消除雷电,但是雷电的势力实在太厉害了,因此人工影响雷电现在只是设想。人们设想的第一个办法是在雷雨云的某些部位撒播一定数量的碘化银。这是因为碘化银能在雷雨云里形成大量的小冰晶,小冰晶的击穿电势要比云滴低,使云体的导电性能增强,使云内的放电次数增加,从而减少云与地面之间的闪电机会。

另外,用飞机将氧化铜粉、黏土之类的物质投入雷雨云内,或者炮击雷雨云,也能抑制闪电。这是因为闪电是雷雨云的产物,而雷雨云的产生与强大的上升气流有关。炮击以后,雷雨云中的上升气流受到干扰;氧化铜粉、黏土之类的物质在降落过程中会产生一股下沉气流,对抗上升气流,上升气流被削弱,雷雨云得不到充分的发展,闪电也就难以产生了。

有人从火箭穿过雷雨云的时候常常遭到雷击得到启发,认为向雷雨云不断发射高速飞行的物体,使雷雨云不断对这些物体放电,以减少雷雨云向地面放电的机会,达到抑制云与地面之间放电的目的。为什么高速飞行的物体能诱发云中闪电呢?因为高速飞行物体进入云中的强电场区后,会感应起电,使云中的电场分布畸形,形成局部的高电场区,使局部云体放电。另外,火箭等物体排出大量高度电离的高温气体,相当于增加了飞行体的有效长度,扩大了云中电场畸变的范围,增加了局部云体放电的机会,减少云与地面之间的放电。还有,喷出的离子化气体使云中的离子数量剧增,改善了云的导电性能。

台风危害能削弱吗

1970 年 11 月 12 日,在孟加拉国出现了一次近代史上少有的大悲剧。位于孟加拉国的吉大港,在一次台风的袭击下,30万人失去了生命。

在气象史上,这样的大悲剧不止一次。据记载,死亡人数在10万人以上的,孟加拉国有3次,印度有1次,日本有1次,中国有1次。

台风不仅给人们带来死亡,同时也给人们带来了严重的经济损失。据美国1900—1978年的统计,损失5 000万美元以上的台风有25次之多,其中1965年、1969年、1972年3次台风造成的损失均在14亿美元以上。据资料统计,中国每年遭受台风危害的农作物面积达300万公顷,死亡近500多人,倒塌房屋30多万间,直接经济损失240亿元人民币。也就是说,每个登陆的台风可能使40多万公顷的农作物受灾,死亡60多人,倒塌房屋4万间,直接经济损失30多亿元人民币。

因此,人们一直在想方设法人工影响台风,削弱台风的危害。

科学家曾做过几次人工影响台风的试验。其办法是在台风眼周围浓厚的云墙中撒播碘化银。结果就会像人工催云降水那样,云中产生大量的冰晶,经过冰水转化,水滴冻结成冰晶,并释放出大量的热量。

乍看上去,释放出来的大量的热量岂不是为台风增加能量,犹如火上浇油了吗?然而,这正是巧妙地利用了台风本身的能量,"牵一发而动全身",把台风的能量分散开来,达到减弱台风风力的目的。原来,台风中心温度高、气压低,外面气压高,巨大的气压梯度造成了强劲的风力。对台风进行影响,增加外围的热量之后,台风中心附近内外的温差减小了,气压差也跟着减少,风力也就大大地减弱了。也就是说,把台风的能量分配在更大的范围里,这样,台风中心周围的风速减小,达到消灾的目的。

除了在台风云里撒播碘化银外,有人设想用核爆炸的力量来改变台风与它周围的温度场、气压场,诱发台风改变移动路径。

　　也有人认为,台风既然是热带海洋上的产物,是靠海水蒸发以后形成的水蒸气凝结时释放出来的热量来产生与发展的,那么如果在可能产生台风的洋面上铺上一层油膜,阻止海水蒸发,台风就不容易形成了。

雾中取水

　　1985 年,有人用 1 毫米粗的尼龙线织了一张网,网长 10 米,宽 4 米,尼龙线之间的距离约 1 厘米,网不是格状而是斜条状,他们把这张网竖立起来,并面朝着雾来的方向。人们见了大惑不解,莫非想利用大雾天来抓飞禽走兽? 不! 他们是在用这张网进行雾中取水的试验。

　　试验竟然获得了意想不到的成功。他们利用这张网,平均每天从雾中取得 0.4 立方米水,最多的一天取得 2 立方米水。在这个试验地的山下,有个 450 人的村庄,那里异常缺水。1987 年,他们在村后山上建了 60 个这样的尼龙线集水网,并将集水器中得到的水通过管道接到村中,从此,这个村庄摆脱了缺水的困境。

　　对生活在水乡泽国的人来说,用这种方法取水,未免觉得可笑,但对终年不下雨、滴水贵如油的地方来说,这种方法解决了他们的用水问题。如南美洲西部的智利,其北部地区基本上终年无雨,严重干旱给那里人们的生活造成极端困难。但是,智利的西面是海洋,西风或西南风常把海上的潮湿空气源源不断地送到这里,受到东部山脉的阻挡后形成低云和雾,这里就有条件用雾中取水的方法。

雾中取水的奥秘在哪里呢？当雾迎面过来时,碰到网的阻挡后,就有一部分雾滴被网捕获,这部分雾滴就会附着在网的尼龙线上。当雾滴愈积愈多时,就会合并成小水滴,小水滴沿着倾斜的尼龙线流到集水器中,再通过管子把集水器中的水输送到农田。这就是雾中取水的奥秘。

人工播雪

    1984 年,第十四届冬季奥运会的滑雪比赛在南斯拉夫萨拉热窝举行。当时,萨拉热窝市已经安排好 5 万张床位、1 750 辆大小客车,准备迎接来自世界各地的 3 万余名运动员和宾客,其中有荷兰女王、意大利总统、挪威国王。可是,这里连日来天气晴朗,根本没有下雪的征兆。这可急坏了冬季奥运会的官员。经分析和讨论,他们作出了人工播雪的决定。于是,滑雪场的滑雪道两旁很快架起几十支雪枪,严阵以待。

    暮色渐渐笼罩了山林,此时,播雪机组突然发出的声音冲破山间的寂静,紧接着雪枪喷出无数细小的水花,并以极高的速度喷向 10 ～ 22 米的高空。在皓月下,这些水花先是神话般地变幻着色彩,然后在 0℃以下的严寒中凝成片片白雪,纷纷扬扬地降落地面。这就是人工播雪。

    原来播雪机组是几台大型的空气压缩机,每分钟能把 4 200 千克水喷向高空。连续不断地喷,雪就会越积越厚。采取分段播,就可使滑雪道不断延伸。就这样,人工播出的滑雪道保证了第十四届冬季奥运会顺利进行。

　　那么，人工播雪是怎样发明的呢？原来，人们从橘园凝雪得到了启示。有一年冬天，在美国佛罗里达州的一个柑橘园里突然出现了一片"神秘的雪"。许多人对此百思不得其解，还是当园艺师的农场主解开了其中的奥秘。原来头天晚上北方强冷空气袭击了佛罗里达州，气温骤然降到0℃以下，偏偏在夜里收工时，工人忘了关闭灌溉用的水龙头，水管中喷出的水雾在严寒中凝成了细绒般的雪花，正好落到那一小片橘树上，这就是奇雪的原因。想不到这场奇雪给人以启示，使人工播雪获得成功。

丰富多彩的气候

fengfuduocaideqihou

最冷之地

世界上最冷的地方在哪里？

1838 年，俄国商人尼曼诺夫途经西伯利亚的雅尔库茨克，无意之中测得 −60℃ 的气温。当时，谁也不相信这位商人的测量结果。过了 47 年，1885 年 2 月，人们在北纬 64° 的奥伊米亚康，测得 −67.8℃ 的最低温度。奥伊米亚康第一次正式获得了世界"寒极"称号。

1957 年 5 月，位于南极点的美国阿蒙森 − 斯科特观测站传出一个惊人的消息，那里的气温降到 −73.6℃，因而世界"寒极"称号由南极极点夺得。同年 9 月，这里观测到一个更低的温度 −74.5℃。

人们普遍认为南极极点应该是"寒极"了，不料最低气温纪录一再被打破：1958 年 5 月位于南纬 72° 的苏联"东方"观测站，测得 −76.0℃ 的最低气温，6 月测得 −79.0℃ 的最低气温，1960 年 8 月测得 −88.3℃ 的低温新纪录。

正当人们以为东方站才是世界"寒极"的时候，没想到 1967 年挪威人在南极极点记录到最新的低温纪录 −94.5℃。南极极点重新获得世界"寒极"的称号。

这些被称为"寒极"的地方,都位于极圈之内,且都在高原上,寒季漫长,暖季短暂,太阳斜射,所以得到的太阳热量很少,冰雪难以消融,气温很低。

中国最冷的地方在东北,1969 年 2 月 13 日黑龙江漠河曾创造最低气温纪录 -52.3℃。后来,有一年的冬天早晨在漠河又出现了 -58.7℃的最低气温纪录。漠河成为中国的"寒极"。

寻找"热极"

世界上最热的地方在哪里?

新疆有个吐鲁番盆地,它是中国的"热极"。20 世纪 40 年代,这里曾创造了 47.8℃的全国最高气温纪录。1986 年 7 月 13 日,吐鲁番气温再破纪录,出现了 49.6℃的高温纪录。这里,夏季阳光灼热,地面温度常达 70 ~ 80℃,最热的日子里达 82.3℃。在这滚烫的地面上,空气受热十分强烈,近地面空气密度变化迅速,所以远望吐鲁番盆地北侧的火焰山,好像燃起缕缕烈焰一般。《西游记》中描述的火焰山就是这个炎热的地方。古代人叫这里为"火洲",说这里"火云满山凝未开,飞鸟千里不敢来"。

但是,吐鲁番的高温纪录在世界上还排不上名次。1879 年 7 月 17 日,在阿尔及利亚的瓦格拉观测到 53.6℃的最高气温。这个高温纪录保持了 30 多年,直到 1913 年 7 月,在美国加利福尼亚州的岱斯谷中测得了 56.7℃的最高气温,"热极"从北非移到了美洲。可是,不到 10 年,"热极"重返非洲。1922 年 9 月 3 日,利比亚首都的黎波里以南的盖尔扬测得最高气温 57.8℃。时隔 11 年,墨西哥圣路易斯于 1933 年 8 月最高气温也达到了 57.8℃。后在索马里测得最高气温 63.0℃。

这些地方都不在赤道附近,而在副热带地区。这是因为在赤道附近,除南美洲、非洲大陆以外,全是海洋,所以赤道附近的气温不会升得很高。而副热带地区受高气压控制,空气下沉,少云而干旱,加上阳光照射强烈,因而孕育了"热极"。

世界"旱极"

在南美智利北部沙漠里,有一个不知名的地方,从 1845 年到 1936 年整整 91 年里,没有下过一滴雨。

智利北部濒临大洋,为什么会这样干旱呢?原来那里正好位于副热带高压长年坐镇不动的地区,而靠近智利的海洋,又是秘鲁寒流流经之处。由于寒流的温度较低,使那里的空气十分稳定,即使在海边,水汽也很难进入高空凝结成雨滴,因此成了世界"旱极"。

乞拉朋齐的豪雨

1861 年,位于世界屋脊喜马拉雅山南麓的印度阿萨密邦的乞拉朋齐,一年里下了 20 447 毫米的雨,夺得了世界"雨极"的称号。以后来自世界各大洲的年雨量记录,都远远落后于乞拉朋齐,可望而不可即。时隔 99 年以后,就是 1960 年 8 月到 1961 年 7 月,乞拉朋齐再一次以 26 461.2 毫米的雨量,打破了它自己的纪录,蝉联了世界"雨极"的称号。

26 461.2 毫米是一个十分惊人的数字,它比台湾省火烧寮于 1912 年测得的中国最大的年雨量纪录 8 408.0 毫米多 18 053.2 毫米,比北京 42 年的总降水量还多。

为什么乞拉朋齐能下这么多的雨呢? 这是因为印度洋上面潮湿的西南季风经孟加拉湾吹向青藏高原时,由于巍巍的喜马拉雅山的阻挡,湿润空气被迫上升,凝结成大量雨滴,雨滴瓢泼般地降落在乞拉朋齐,使它成为世界"雨极"。

雨天最多的地方

贵州省有"天无三日晴"的称号,全年下雨天数有 220 天。贵州省遵义市,全年下雨天数多达 240 天。

可是,贵州省不是世界上下雨天数最多的地方。南美洲智利,北方是世界上下雨最少的卡马沙漠,而南方的巴伊亚菲利克斯雨天之多让你吃惊,一年 365 天竟有 325 天在下雨。

为什么巴伊亚菲利克斯雨天这么多呢?原来,它正处于南半球西风带的控制之下,强劲的西风几乎天天从太平洋带来大量的水汽,加上地形的抬升作用,水汽便升向高空,凝成雨滴,降落至地面,从而使它成了世界上雨天最多的地方。

小岛大暴雨

气象上把 24 小时雨量超过 50 毫米的降水称为"暴雨"。暴雨常常引起山洪暴发,造成生命和财产的重大损失,是一种常见的灾害性天气。

中国的暴雨最高纪录是 1 672 毫米,出现在台湾省。

值得一提的是,1969 年在美国一个名叫"开密尔"的飓风移到弗吉尼亚州时,5 小时里下了 787.4 毫米的雨,形成了美国一百年内罕见的大暴雨,当地顷刻之间江湖泛滥,一片汪洋。

但是,世界暴雨最大的地方是一个不太著名的小岛——留尼汪岛上的塞路斯。那里的最大 24 小时雨量达 1 870 毫米。

留尼汪岛位于非洲南部的印度洋上,属热带海洋气候,那里 5 月至 11 月为冬季,12 月至次年 4 月为夏季。夏季一到,印度洋上潮湿的气流源源而来,加之岛上有一座海拔 3 000 多米的活火山,潮湿气流遇上高高的山脉便强烈上升,形成罕见的大暴雨。

雪城华盛顿

"瑞雪兆丰年",雪为人们造福。但是,雪下得太大了也会造成雪灾。1977年2月,美国伊利湖旁布法鲁港下了一场大雪,掩埋了许多小轿车。当然,布法鲁不是世界上下雪最多的地方。世界上一年中下雪最多的地方是美国首都华盛顿,年降雪量达1 870厘米。

为什么华盛顿能下这么多的雪呢?下雪要有两个条件:一是气温下降到0℃以下,二是要有充足的水汽。华盛顿离大西洋、五大湖都不远,水汽来源十分充沛;同时,来自格陵兰岛的冷空气常常经过这里,因而使它成为世界上年降雪量最多的地方。

"雷都"茂物

电闪雷鸣伴以滂沱大雨,这种强对流天气常出现在较低纬度地区,如印度尼西亚、非洲中部、墨西哥南部、巴拿马、巴西中部等。其中,印度尼西亚的爪哇平均年雷雨日数有220天;而该岛西部的茂物市,年雷雨日数更多,1916—1919年4年内平均每年有332天出现雷雨天气,打雷次数在数千次以上,不愧为世界"雷都"。

茂物地处赤道附近，南面紧挨火山熔岩高原以及多座海拔二三千米的火山，大气的热力对流本已相当旺盛，再加上从爪哇海来到这里的湿热气流被地形猛烈抬升，极易形成积雨云。茂物每日的天气变化很有规律。上午一般天气晴朗，中午天空积雨云越积越厚，午后积雨云状如高耸的山峦，瞬时便雷电交加，暴雨倾盆；雨后，空气特别清新，不久全城又沐浴在骄阳之下，行人身上被淋湿的单薄的衣服很快就被晒干了。

阳光最多的地方

"太阳是大地的母亲"，正是由于太阳光的照耀，才使地面富有生气：疾风劲吹，江水奔流，花开果熟，万物生生不息。太阳是一个取之不尽的能源。目前，人们正在想方设法，利用太阳能。

为了利用太阳能，人们需要了解哪里阳光多，哪里阳光少。20世纪60年代，人们以为南美的波多黎各是世界上太阳光最多的城市。人们连续观测了6年，发现那里只有17个阴天，平均每年约有362天阳光普照。

到了20世纪70年代，气象观测站增多了，人们发现撒哈拉大沙漠东部太阳光最多，那里年平均日照时数达4 300小时；也就是说，每天大约有11小时45分钟的时间能见到光辉灿烂的太阳。

撒哈拉大沙漠东部为什么日照时数如此多呢？因为这里是世界上最干燥的地方，没有能遮住阳光的云层；加上这里纬度较低，日照时间长，因而成了世界上太阳光最多的地方。

一日四季

世界上全年冷暖变化最小的地方是拉丁美洲的厄瓜多尔首都基多,全年气温变化幅度只有 0.6℃。

而全年冷暖变化最大的地方是俄罗斯西伯利亚的维尔霍扬斯克,这里最高气温达 36.7℃,最低气温则降到 -70℃,全年气温相差竟达 106.7℃。

美国蒙大拿州布朗宁城,1916 年某一天,这里的气温从 6.6℃降到 -48.9℃,下降了 55.5℃。美国南达科他州,1943 年 1 月 22 日气温从 -4℃上升到 35℃,可谓是"一日四季"。

气温日较差大是一种重要的农业气候资源,对农作物的生产具有促进作用。实践表明,在作物生长季节里,气温日较差越大,产量

越高,质量越好。新疆的哈密瓜格外香甜,吐鲁番的葡萄名扬四海,长绒棉蜚声东亚,都有它的一份功劳。

不过,气温日较差大会危害人体的健康。

"寒冷国"不冷

智利在印加语中,是"雪和寒冷国"的意思。

智利是世界上南北向最狭长的国家。它的东西向宽仅90～400千米,而南北向长达4 270千米,宛如一条彩带绵延在太平洋与安第斯山脉之间。智利的气候从北到南明显地分为三带:北部是热带和副热带的沙漠气候,中部是地中海气候,南部是温带海洋性气候。

智利北部气候酷热而干燥,那里的阿塔卡马沙漠是世界上最干旱的地区。位于安第斯山麓的卡拉马,还不曾有过下雨的记录!

智利中部气候温和,位于这一地区的首都圣地亚哥,人们只需穿夹衣就可以度过最冷的季节。

智利南部由于受寒流影响,

气候才比较寒冷。不过,在最冷季节里这里的平均气温也在2℃以上。

所以,说智利是"寒冷国",其实并不确切。

不热的厄瓜多尔

南美洲有一个国家叫厄瓜多尔,首都基多。赤道横穿基多。基多北部有一个小镇,镇上有座闻名世界的赤道纪念碑。

有些人以为厄瓜多尔地处赤道附近,那里的气候一定十分炎热。20世纪50年代,厄瓜多尔贵宾来中国访问,要在中国买皮袄,人们感到奇怪,怎么赤道地区的人也要穿皮袄?

其实,厄瓜多尔有许多地方并不热。厄瓜多尔有五分之三的地区为高原山区,地势高,气温也就较低。东部地区虽然地势较低,但由于受秘鲁寒流影响,气候十分宜人。基多是个山城,海拔2 800米,附近有许多绵延不断的峻岭,耸立着许多高峰,山顶上云雾缭绕,终年积雪。因此,基多比同纬度平原地区的城市凉快得多了,最热月份的平均气温比中国南京低10℃。基多一天之中天气变化很大,早晨为春季,

中午为夏季,晚上为秋季,子夜为冬季。

人们到基多去旅行,还得带上四季衣服,晚上离不开棉被,那里居民住宅里都安装有壁炉,可随时生火驱寒。

赤道上的冷岛

位于赤道上的科隆群岛本应该与同纬度带的其他地方一样处处是终年高温多雨、植物繁茂的热带风光,它却呈现一片寒带景象。当你一踏到岛上,一定会有成群的企鹅一摇一摆地来迎接你,还会看到巢居在树干上的信天翁和爬到滨海红树林上的海豹。这些生活在极地或寒带的动物居然跑到骄阳似火的赤道地区来了。这里植物稀疏,有一些寒带植物。太阳一旦被云遮住,你就感到寒气逼人,晚上更甚。只有当骄阳高照时,你才会意识到这里是热带地区;否则,光凭冷热的感觉,你一定以为到了北国。

这种反常现象在赤道地区绝无仅有。出现这种气候反常的主要原因是受极地来的冷海流的影响。源于极地的秘鲁寒流,沿南美洲的西海岸往北流,到布兰科角转向西北流,而科隆群岛正好被滔滔而来的冷海流包围,因此群岛周围的海水温度很低,海面上空的气温受其影响也变得很低。海面上空的冷空气不断地吹到岛上,海岛上的气温也就比较低,大气稳定,很难形成降水。另一个原因是岛的面积小,海域大,空气对流很弱,冷海流的影响远远超过太阳的影响。因此,科隆群岛尽管地处赤道,展现的却是寒带风光。

赤道雪景

大多数赤道地区呈现在人们眼前的是一派热带风光。可是,位于赤道带上的几座高山,山脚下是热带景象,山头却终年白雪皑皑。这里海拔5 000米以上的山体被冰雪覆盖。如果我们从上面看下去,几个山头上的雪帽就像撒在翠绿地毯上的几只银盘。大自然巧妙地把酷暑和严寒融合在同一个山体中。

其中最突出的首推离赤道很近、海拔5 895米的非洲乞力马扎罗山。从印度洋吹来的潮湿空气以及从地面蒸发的水蒸气，沿着山坡上升，遇冷后就凝成许多小水滴悬浮在空中，因此，山体上部经常是云雾缭绕，很难看清它的真面目。只有夕阳才能撩开它那薄薄的"面纱"，人们才能见到它的风采：在柔和的夕阳余晖下，雪白的峰顶晶莹耀眼，还时而呈现出桃红色、紫色、黄色或是银灰色，五彩缤纷，光芒四射。

在长夜无冬的赤道地带之所以能观赏到雪景，是因为这里虽然终年太阳高度角大，但高山上部空气稀薄，大气中所含水汽、尘埃很少，因此，吸收到的太阳热量就很少。垂直向上每升高1 000米，气温就要降低约6℃。因此，到了一定高度，气温降到0℃以下，就会终年积雪。

不绿的绿洲

格陵兰是世界上第一大岛，面积达217万平方千米。格陵兰在英语中的意思是"绿洲"。传说14世纪有一个海盗从冰岛而来，发现南部山谷中有一块草地。于是，他到处说他发现了绿洲。其实那只是温暖的季节在格陵兰西部、南部海边长着的一片薄薄的绿色苔藓。可以说，格陵兰是一个大冰库，大部分地区为厚厚的冰层覆盖，冰盖平均厚度为2 300米，最厚的地方可达3 400多米。

岛上的冰层在山谷冰川与重力作用下，渐渐地向海岸滑动，最后滑入海中，冰比水轻，于是浮在海面上，成为冰山。北冰洋、大西洋上漂浮着的冰山多到几万座，大多来自格陵兰。

为什么格陵兰有这么厚的冰层呢？原来，它地处北极圈内，长年

低温。近百万年来,这里经历了一次大冰期,气候极为寒冷,大部分地区被冰川覆盖。后来,气候转暖,冰川退却,但因这里地理纬度太高,太阳终年斜射,能得到的太阳热量很少,所以气温仍然很低,冰层难以消融,至今一直保持千里冰封的面貌。另外,从北冰洋南下的洋流水温低,形成格陵兰寒流,也使岛上的气温变得很低,冰层更难以消融。

无雨的不旱城

秘鲁的首都利马,是南美洲有名的"无雨城",是一个不用雨伞和雨衣的城市。以前,有许多利马人盖房屋不是用瓦或水泥做屋顶,而只是用芦苇或纸板盖在顶上。利马地处热带沙漠地区,年雨量不到50毫米,因此,盖房子时根本用不着考虑防雨,居民家中自然也用不着准备雨伞和雨衣了。

没去过利马的人也许认为那里不是沙浪滚滚便是赤地千里。按一般的规律，是会出现这种景象的。但是，令人惊奇的是利马经常被雾笼罩着，雾飘忽不定，时浓时淡，终日不散，空气也总是湿漉漉的。雾使道路泥泞，衣服潮湿，土壤得到滋润，也大大减轻干旱对人和植物的威胁，难怪当地人把雾称为"秘鲁的甘露"。

利马的奇特气候与其所处的地理环境密切相关。利马地处热带地区，降水特别少，在强烈的阳光照射下蒸发量又很大，干旱是可想而知的。但是，它又处在热带大陆的西海岸，从南极地区流来的强大的秘鲁寒流流经沿岸海域，使海面上空的气温很低，因此，空气很容易达到饱和。从海上吹向利马的风湿度很大，一旦上了陆地，与高温、干燥的空气相遇后湿度减小，空气中所含的水汽量已不足以形成雨，而只能形成雾。但是，海风把水汽源源不断地向利马输送，于是就形成利马虽无雨但也不干旱的奇特气候。

孟加拉国的洪水

1991年4月29日，一股强大的风暴猛烈地袭击了南亚的孟加拉国。风暴以 235 千米每小时的速度卷起 6 米高的巨浪，横扫东南沿海，北起吉大港、南到科克斯巴扎尔的广大地区以及 65 个海岛，时间长达 9 个小时。风灾过后，成千上万的人尸、畜尸漂向海岸，惨不忍睹。生还者在海滩腐臭的尸体堆中寻找失踪的亲人。一位名叫拉曼的 55 岁农夫说，当时看到巨浪"像山一般"涌来，随即被打晕了。当醒来时发现妻子和四个孩子已被海水吞没。这次风暴和洪水造成了 13.8 万人死亡。

孟加拉国是世界上受风暴、洪水之苦最严重的国家。1970 年 11 月 12 日，一股强大的风暴引起大量的海水涌向沿海地区，使 30 万人死亡。1985 年 5 月 25 日夜，孟加拉湾恒河口诺阿卡利及其附近岛屿，突然受风暴袭击，风暴引起暴雨、强风、海啸，一夜之间将这些地区正在憩睡的人们全部卷入大海，受这次风暴之苦的人数达 600 万。

孟加拉国人"谈风色变"，谁也不知道哪一天会被风暴引起的洪水卷入大海。风暴、洪水仍将困扰孟加拉国人。这是天气和地形造成的。孟加拉国位于南亚次大陆东北部，南部地势低，而其西面、北

面是印度、尼泊尔和高大的喜马拉雅山脉，每当7—9月雨季来临，来自南方印度洋的气流向北运动时遇到北部的山脉阻挡，形成暴雨。雨水与喜马拉雅山冰雪消融的雪水一起自西北沿恒河滚滚而下，冲向孟加拉国，而此时热带风暴又时常袭击这些地区。热带风暴会引起海水猛涨，大量的海水由南向北沿河而上。南北洪水汇合，之后又一泻千里，以摧枯拉朽之势将沿海城市摧毁。

冬热夏冷的地方

　　1946年炎夏，一位军人牵了一匹大汗淋漓的战马来到辽宁省东部的一个山麓下，然后把战马拴在石洞口外的树上。第二天早晨，发现战马已冻僵在地上。军人觉得奇怪，这么热的天，马怎么会冻僵呢？

　　原来，从辽宁省本溪市东部桓仁县沙尖子镇船营沟向西南延伸到宽甸县的牛蹄山麓，有一条长约 15 千米的地温异常带。上面提到的石洞就位于这个带上的一个山坡下。在最热的夏天，这个洞内的温度却仅 −2℃，石缝中可低达 −15℃。于是，夏天这个洞成了天然的冷库，人们把吃的鱼、肉和医院的疫苗、菌种存放在里面，决不会变质，冷冻效果也极好。而到了冬天，外面寒风刺骨，洞内却热气腾腾。

　　由于地温的异常，也使周围的气温异常。夏天，洞中放出的冷气，可影响周围的气温，站在洞外六七米远，甚至更远的地方，即使在最热的日子，人们也会瑟瑟发抖。冬天，周围白雪皑皑，可是石洞口外的山冈上不仅留不住雪，而且绿草茵茵、豆角满藤，各种蔬菜长势良好，一片翠绿。人们走到那里，也会感到暖烘烘的。这是因为地下冒出的热气提高了周围的气温。

　　这儿冬天从地下冒出热气，夏天从地下冒出冷气，在世界上确实少见。

中国气候

zhongguoqihou

中国气候三大特色

气象爱好者老钟约了几位朋友,在清明节那天,拍一张反映当地气候的彩色照片。住在黑龙江漠河的朋友拍摄到的是白雪皑皑的景色,住在江南水乡的朋友拍摄到的是油菜花盛开的景色,而住在海南岛的朋友拍摄到的是人们在海水中嬉戏的景色。

老钟还曾请一位摄影家在从上海坐飞机去乌鲁木齐的途中航空拍摄几张照片。飞机刚起飞时他拍摄到的是一张江南郁郁葱葱的一片水乡景色,而在他进入新疆时拍摄到的是一张西北沙漠的一片干旱景色。

这些照片反映了中国多种多样的气候景观。中国地域辽阔,地形复杂,因此东南西北气候各不相同。

中国气候的第一个主要特点是东部季风气候显著,而西北大陆性气候显著。

季风气候的特点是:夏季受海洋气流影响,气候湿热;冬季受大陆气流影响,气候干冷。东亚季风造成中国冬冷夏热、冬少雨夏多雨。

中国冬季吹西北风,夏季吹东南风。西北风与东南风的进退,决定了中国降水量的地区分布与时间变化的特点。

从春季开始,中国东部降水量自南向北逐渐增多,出现三个明显的雨季:五六月份的华南雨季,六七月份的江淮雨季,七八月份的华北雨季。9月份开始,西北风逐渐活跃,东南风逐渐撤退,雨带迅速地从华北向南压到广东、广西沿海,长江南北广大地区出现秋高气爽的天气。

可见,中国东南风到达的时间,南方早,北方迟;而东南风撤退的时间正好相反。这样造成中国降水量自南向北和自东向西递减的分布规律。台湾大部分地区的年降水量 2 000 毫米,有的地方甚至达到 3 000 毫米,例如台湾火烧寮平均年降水量高达 6 489 毫米。东南沿海大部分地区的年降水量在 1 600 毫米以上,许多地方的年降水量达到 2 000 毫米左右。到长江流域年降水量降到 1 200 毫米左右。到淮河、秦岭一带,年降水量降到 800 ~ 1 000 毫米。到华北平原、山东半岛一带年降水量已降到 600 ~ 800 毫米。东北大部分地区年降水量只有 400 ~ 600 毫米。中国西北地区年降水量一般在 400 毫米以下,大部分地区的年降水量不到 100 毫米。

受季风变化的影响,中国年降水量在季节分配上也很不均匀。例如,长江下游 3—6 月为雨季,七八月份为伏旱季节,3—6 月的降水量大约占全年降水量的 45%;而华北 6—8 月的降水量竟占全年降水量的 80% ~ 90%。

大陆性气候的特点是:大陆内部受海洋影响不大。冬季严寒,夏季炎热,气温的年较差与日较差较大。春季气温高于秋季气温。全年降水量集中在夏季,降水量变化大,有些地区全年降水量稀少,形成沙漠。

中国西北地区远离海洋,暖湿的东南风很难到达那里,因此呈现出显著的大陆性气候,干旱少雨,年降水量一般在 250 毫米。冬冷夏热,气温的年变化与日变化都较大。1 月份的平均气温通常在 0℃以下,北部的富蕴地区冬季连续 3 个月的月平均气温在 - 22℃以下。7 月份的平均气温一般都在 20℃以上,吐鲁番地区更高,33℃以上。气温年较差大,一般都在 36℃以上,吐鲁番盆地达 44℃;气温的日较差达 20～25℃,吐鲁番高达 30℃以上。难怪有人形容这里的气候是:"早穿棉衣午穿纱,围着火炉吃西瓜。"

中国气候的第二个特点是气候类型多。中国国土辽阔,地形复杂,因而气候类型多种多样,有高山气候、高原气候、盆地气候、森林气候、草原气候、沙漠气候等。

高山气候当属喜马拉雅山地区最典型。在南坡从山脚向上攀登可看到自然景观的变化。海拔 2 500 米的地带是繁茂的亚热带阔叶林,河谷地带稻浪滚滚。向上,在海拔 3 000～4 000 米的地带,常青的阔叶林变成阔叶、针叶混交林,越往上针叶林越多。到海拔 4 000～4 500 米的地带是"杜鹃世界",许多高大的树木不能在这里生长了。海拔 4 500～5 300 米的地带,已是寒带气候了,许多农作物不能在这里生长。再往上,是永久积雪带。

高原气候由于高原地理纬度不同、地面性质不同,也有很大的差别。例如,黄土高原的气候特点:降水量少,雨季短,干季长,干湿季节明显,日照充足,热量条件优越,冬春季节大风多,冬干春旱比较严重。贵州高原则不同,多云雾,日照少,降水量多,有"天无三日晴"的说法。青藏高原因地势高,年平均气温要比同纬度的东部平原低 10℃左右,冬半年遍地冰雪,而夏半年凉爽宜人。青海有些地方有"六月暑天犹着棉,终年多半是寒天"的说法。

中国主要有四大盆地。四川盆地冬暖夏热春来早,云雾阴天多,日照晴天少,无霜期长,有利于农业生产。西北的准噶尔盆地、塔里木盆地、柴达木盆地的气候与四川盆地的气候大不相同。除准噶尔盆地因连接伊犁河谷,降水较多,气候比较湿润外,塔里木盆地、柴达木盆地的气候很干燥,冬寒夏热。不过,这里云少,阳光充足,热量资源很丰富。

中国的沙漠主要分布在西北。这里的气候干旱,少雨,风沙多,冷暖变化剧烈，年降水量不到 100 毫米，有的地方甚至几年不下一滴雨。只要一刮风，便黄沙漫天，冬季寒气逼人，夏季高温炎热。

中国气候的第三个特点是多灾害性天气。中国主要的气象灾害有台风、暴雨洪涝、旱灾，给人们造成很大的损失。

何处是春城

宋朝诗人叶绍翁在《游园不值》一诗中，对春天作了这样的赞歌："春色满园关不住，一枝红杏出墙来。"由于人们喜爱春天，中国不少地名都含有"春"字，例如，吉林的长春、福建的永春、台湾的恒春等。它们表达了人们希望春天永驻人间的美好愿望。可是，这些地方的春天都不算长：恒春 40 多天，长春 50 多天，永春算是最长的也只有100 天左右。

那么世界上有没有四季如春和春天常在的地方呢？

云南省省会昆明市，素有"春城"之誉。其实，昆明春天最多只有 300 天，在有些日子里，寒潮还会光临昆明呢。

那么春城在何处呢？原来，在中纬度的平原地区，春光永远留不住，只有在那些低纬度的高原山谷地带，才会出现"恒春"和"永春"的季节。因为在低纬度地区，北方的冷空气鞭长莫及，那里的冬季也就无严寒了，而由于高原山谷地带的地势较高，气温逐渐下降，在夏季也就无酷暑了。

中国最标准的春城是云南思茅地区的西盟佤族自治县县城。这里海拔 1 900 米，全年各月平均气温在 10 ～ 22℃，既无夏也无冬，终

年是标准的四季如春而又四时如春的地方。

　　不仅中国有"春城"，世界上不少国家中也有"春城"。

　　非洲的埃塞俄比亚首都亚的斯亚贝巴，那里海拔 2 400 米，四季山花烂漫，无怪亚的斯亚贝巴的意思是"新的花朵"了。

　　亚洲的也门共和国首都萨那，那里海拔 2 400 米，终年气候凉爽宜人，景色秀丽，每天迎送着世界各地观光游览的旅客。

　　拉丁美洲的墨西哥城、波哥大城和基多城等，都位于海拔 2 000 米以上，气温宜人、空气清新，也都是名副其实的四季如春的"春城"。

三大"火炉"

　　当人们谈论中国的"火炉"时，自然要联想到《西游记》中的火焰山，并由此而想起在全国被冠以"火洲"头衔的吐鲁番盆地了。但是，这里热而不闷。因此，在一年中最酷热的天气并不出现在吐鲁番，而是在面积广大、人口众多的长江流域。在夏季高温期间，最著名的"火炉"有三个：南京、武汉和重庆。

南京、武汉和重庆三大"火炉"确实很热，7月的平均气温都在33℃上下，极端最高气温曾达到41～44℃。高温延续的时间也很长，高于30℃以上的暑热天数，每年平均70天以上；超过35℃的高温天数分别有15天、21天、35天，并且从早到晚，气温的变化不大，不但白天热，夜间也热不可耐。

形成长江沿岸三大"火炉"的主要原因是高空被副热带高气压带控制着，其次就是地形的影响。重庆、武汉和南京都在较低的长江流域河谷中，河谷的地形特点犹如锅底，四周山地环抱，地面散热困难，使气温不断升高；加上这些地方水田河网密布，水汽多，湿度大，人体出汗后不易蒸发，高温加高湿，更使人感到闷热。

有趣的是，这三大"火炉"还不算热。比如从35℃以上高温天数来说，安庆、杭州都比南京多；九江、黄石比武汉多；涪陵、万县比重庆多。在长江沿岸以外的高温"火炉"就更多了，如江西贵溪、湖南

衡阳、四川开县。那么,为什么把南京、武汉和重庆称为"三大火炉"呢?这是因为它们是知名的大城市,历史上又有许多文人墨客留文著诗广为宣传的结果。

一山之隔两重天

　　西安与汉中本是近邻,就因为中间隔了秦岭这座大山脉,把两地分开在山北山南,西安在山北,汉中在山南,于是造成两地完全不同的气候。每到冬天,西安非常冷,有时冷到 -14℃ 以下,滴水成冰;夏天炎热干燥,一年中又多风沙,完全是北国风光的景象。汉中就不同了,最冷的冬天也很难看到冰雪,盛夏季节反而比西安凉快,一年中很少刮大风,春末到夏秋常常是阴雨连绵,成了北国的江南。北国风光与南国景象本该相隔几千里,由于大山的作用,竟把两种决然不同的景色和气候搬到一起来了。地理上的大山脉,往往是两种不同气候的分界线。

　　两地相隔不远,可是气候为何差别这么大呢?秦岭海拔 1 000 ~ 3 000 米,它的北坡较陡,南坡较平缓。岭北的西安处在一望无际的平原上。冬天,当寒流从黄土高原冲下来时,西安首当其冲;因秦岭的阻挡,却影响不到汉中。夏天,从东南海上吹来的暖湿空气沿汉江河谷吹到秦岭,沿着它平缓的南坡缓缓上升,上升到一定高度就成云致雨,使汉中地区阴雨连绵,夏季也不炎热。暖空气即使沿平缓的南坡翻过秦岭,因雨都在山前下了,所以空气中所含水汽已很少,暖空气翻过秦岭在北坡下沉过程中迅速增温,西安吹到的只是干热风,夏天便十分干热。

山下桃花山上雪

如果有人从海南岛乘火车到黑龙江,一路上可能经历春夏秋冬四个季节。而"一山有四季"这句谚语,就可能有人不太相信了,但这是真的。

1961 年 6 月 3 日,有人从海拔 3 600 米以上的四川阿坝出发,当他到达海拔 3 600 米的地方,看到山沟里还结着冰;汽车下到海拔 2 700 米的地方,小麦已返青;到了海拔 1 530 米的地方,小麦已接近黄熟;晚间到达海拔 780 米的地方,小麦早已收割完毕。他一天之中,从山上到山下竟经历了四个季节。唐朝诗人白居易游庐山时曾写诗《大林寺桃花》:"人间四月芳菲尽,山寺桃花始盛开。常恨春归无觅处,不知转入此中来。"意思是 4 月份平地上的桃花已凋谢了,山上寺庙处的桃花还刚开,就是说山上的季节要比山下来得晚。

究竟是什么原因使得山上的温度比山下低那么多呢?原来,

太阳辐射的热量先是被地面吸收,当地面温度升高以后,地面再以长波辐射的形式把热量传给空气,也就是说空气主要是通过吸收地面的热量来升温的。所以,越靠近地面的底层,获得地面的热量也越多,温度也就越高;越到山上,也就是离地面越高,获得地面的热量也就越少,温度也就越低。山地的这种温度分布,使得许多名山成了人们夏季的避暑疗养胜地。

风　城

　　在新疆克拉玛依东北约 100 千米处,有一座小镇,名叫"乌尔禾"。这里十分荒凉,人烟稀少。每当夕阳西下时,从远处眺望,晚霞之中,它犹如一座中世纪的城堡,古堡林立,形态各异,高低错落。夜间,在淡淡的银白色月光下,古堡阴森可怕,虚虚实实,影影绰绰,并

随月光西移而呈千姿百态。每当风起时，古堡中传来凄厉声音，让人毛骨悚然。整个小镇让人感到迷离恍惚，望而生畏。所以，当地人叫它"魔鬼城"。

可是，当你踏进这座小镇，却不见古堡，只见到处是高几十米的石蘑菇、石笋、石兽、石人、石亭，千姿百态，惟妙惟肖，上面还缀满了形状不同、大小深浅不等的孔洞。

这里并无魔鬼，形成这魔鬼城的是风。

原来，这里大多是沉积岩，距今已有2.5亿年了。沉积岩是沙石一层一层叠成的，有些厚，有些薄，有些结实，有些疏松。这里干旱少雨，白天太阳烘烤大地，晚上热量散失很快，所以冷热变化很大。岩石热胀冷缩，天长日久，岩石上出现许多裂缝和孔道。这里又处在大风口，狂风卷起的沙粒如同刀子一样不断刻蚀岩壁，于是形成这种古怪的地貌。所以，这个小镇也叫"风城"。风吹时，气流经过大小不同、形态各异的裂缝和孔道，就会发出各种各样的声音，让人听起来感到可怕。

火洲中的绿洲

　　吐鲁番地区是中国夏季最热的地方。素有"火洲"之称。那里7月份平均气温33℃;7月份平均最高气温40℃,等于说7月份几乎每天都出现40℃以上的高温;日最高气温在35℃以上的天数有100天;日最高气温在40℃以上的天数近40天。吐鲁番地面温度常达65℃,有时超过75℃。1974年7月14日,地面温度达82.3℃,真的可以"沙窝里煮鸡蛋,石板上能烙饼"。发烫的大地把空气烤得猛烈上升,近地面空气很不稳定,远看吐鲁番北面由红色砂岩组成的山峦,似燃烧着的簇簇火焰,因而有"火焰山"之称。

　　吐鲁番夏季白天热不可耐,一到晚上却很凉快,所以当地有"早穿皮袄午穿纱,围着火炉吃西瓜"的民谣。

　　可是,在这又干又热的地方,仍有不少绿洲。这儿农作物一年两熟,棉花驰名中外,还是中外闻名的"瓜果之乡"。这儿的葡萄在国际上被誉为"绿色珍珠",这儿的甜瓜在国际市场上被誉为"水果明星"。

滋润这些绿洲的水从哪儿来呢？从地下来。原来吐鲁番北面是天山山脉，山上白雪皑皑，冰川纵横，融化了的雪水沿着倾斜的地势而下，在地下长流着。吐鲁番人打了许多水井，并有地下暗渠相连，地下水取之不尽，用之不竭。

吐鲁番以"火洲"与"绿洲"、酷热与干燥、湖光山色与名胜古迹，引来无数中外游客。

戈壁沙漠闹水灾

如果说在赤日炎炎、沙丘绵延、砾石遍地的敦煌，或千里戈壁滩上的吐鲁番地区也闹起水灾，人们一定会认为这是千古奇闻。可

是，1979 年夏天，久旱的敦煌确实遭到水灾，敦煌县城一片泽国；1969 年、1973 年、1984 年的夏天，吐鲁番三次遭到洪水的袭击。

敦煌的年降水量只有几十毫米，气候十分干燥。这里是一望无际的沙丘。每到夏天，骄阳似火，酷热难忍，一刮风便飞沙走石，一片昏黄。这是一片贫瘠、荒凉的不毛之地。当时用泥土、芦苇和罗布麻筑成的汉长城和烽火台，虽已有两千年的历史，却依然

屹立在那里。吐鲁番的年降水量也很少,千里戈壁上寸草不生,只有在每个山谷的出口处,山上的冰雪融水流下来时携带不少细沙碎石,从而冲积成小块的扇形平原。小平原上土质肥沃,潺潺流下的融水与涓涓流出的地下水把这些小平原孕育成一片片小绿洲。这些绿洲成了吐鲁番葡萄的故乡。

这么干旱的地方怎么会发生水灾呢?敦煌位于群山环抱之中。1979 年夏,天气特别炎热,导致祁连山上的雪大量融化,山上流下来的雪水很快装满党河水库,缺水地区的人们视水如命,舍不得打开闸门把水白白放掉。后来,下了一场大雨把水库冲垮,于是洪水无情地冲出水库,敦煌县城一时间变成一片泽国。吐鲁番的水灾原因与敦煌水灾情况类似。

气候变迁
qihoubianqian

几千年前的河南气候

河南，古代称为"豫州"，现代简称为"豫"。按象形文字的意思，"豫"表示一个人牵着一头象。有其意必有其实。在从殷墟遗址（今河南省安阳地区）中发掘出来的甲骨文中，发现刻有古人打猎时捕获一头象的文字记载。

在殷墟遗址中，人们还发现了大批当地现代已经灭绝的哺乳动物的残骨，如象、貘、貉、水牛、獐、竹鼠等。

大家都知道，中国现代的象只能自然生存在云南南部的西双版纳密林中。就是说，象是热带森林中的动物。现今，河南地处温带，不仅见不到象，就连其他亚热带类型的动物也很难见到。所以，在河南一带发现象的甲骨文记载和象的化石，表明几千年前象能在河南一带生存，从而说明当时河南一带的气候十分温暖，具有热带气候的特点。

这个例子说明，在漫长的历史长河中，自然界发生过深刻的变化，许多地方的气候也已几经巨变。

了解一个地方气候巨变的历史，可以了解该地气候冷暖、干湿变化的规律。根据这

个规律可以为推断未来气候的冷暖、干湿变化情况提供依据,从而为人类的生产活动提供参考。

昔日的撒哈拉

非洲撒哈拉沙漠是世界上最大的沙漠,那儿荒无人烟,天气变化无常。

20 世纪 40 年代,一支筋疲力尽的法国巡逻队在沙漠中部的恩阿杰尔高原北侧的欧德赫拉特峡谷中休息时,在茫茫的沙海中发现了奇迹:这条 35 千米长的峡谷中有一条色彩斑斓的壁画长廊。壁画是用含铁的矿石,白色的高岭土,赭色、绿色或蓝色的页岩等材料绘制在山崖上的。由于气候干燥,至今还保留着鲜艳的色彩。

更令人惊奇的是,这长长的壁画长廊竟是一本连环画,是由不知多少代人连续完成的,忠实地记载着这里的气候变化。

壁画的一大主题是动物,但各种动物在壁画上出现的时间是有先后的。画中最早出现的野水牛和河马,在后面的画中不见了,代之以长颈鹿、大象、羚羊等草原动物。以后,这些动物也消失了。而现在撒哈拉地区主要的动物骆驼在壁画中却始终没有出现过。

壁画内容的变化说明撒哈拉沙漠曾有过迷人的昨天。那么,究竟是什么原因使它变成今天这个样子的呢?是气候的自然变化。科学家经过综合考察后发现:公元前 7000 年到公元前 3500 年,撒哈拉地区河流纵横,湖泊成群,气候十分湿润;那时鳄鱼游弋、水牛成群、河马活跃,渔业兴旺,在高原上还生长着繁茂的森林。从公元前

3500 年起，由于大气环流的变化，南方海洋上的湿润空气愈来愈难吹入这个地区，气候逐渐转为干燥。从此，茂密的森林被草原取代，湖泊逐渐缩小，水牛和河马等消失了，这里成了长颈鹿、羚羊等草原动物的乐园。公元前 2000 年以后，气候干旱的过程加快，湖泊愈来愈小，河流干涸，植物普遍枯萎，最后草原完全变成了沙漠。

由于草原变成沙漠，原来居住在这里的民族，即画壁画的人们，被迫迁居他乡。而骆驼是在这以后才出现的，所以没有出现在壁画上。

地球在"发烧"

2006 年，全球发生了七大灾害性天气事件，其中之一为：2006 年是有气象记录以来第六个暖年，2006 年全球年平均气温较 1961—1990 年间 30 年平均气温明显升高。

每年 6 月 5 日是世界环境日。2007 年世界环境日的主题是：冰川消融，后果堪忧。南极和北极很多冰川已经岌岌可危。如果全球气候持续变暖，到 21 世纪末，地球冰川覆盖的面积将缩小 40% 以上，由此导致的洪水、海水面上升、缺乏淡水等问题将影响全世界 10 多亿人的生活。全球气候变暖已经引起世人的关注。

2008 年 7 月 7 日到 9 日,八国集团同发展中国家领导人对话会议在日本召开。全球气候变化是这次对话会议的主要议题之一。全球气候变暖已经成为一个国际问题。

全球气候确实在变暖。

全球气候变暖的依据之一是全球气温正在上升。根据气象观测记录,在过去的一百年中,全球平均气温上升了约 0.56℃。1998 年、2002 年、2003 年、2004 年是 1861 年有气象仪器观测记录以来气候最暖的几年。专家预测今后 100 年内全球平均气温有可能上升 5℃以上。要知道,历史上最后的冰期就是因为气温上升了 5.0℃而结束的。

全球气候变暖的依据之二是冰川在退缩和冰盖在消融。全球冰川面积为 1 600 万平方千米,其中 96% 分布在南极洲和格陵兰。冰川有两类,一类是大陆冰盖,面积 1 570 万平方千米,主要分布在南极洲和格陵兰;另一类山岳冰川,面积 30 万平方千米,主要分布在中、低纬度地区的高山上。中国是山岳冰川发达国家之一,冰川面积约 6 万平方千米。冰川与人类的生存息息相关。它是许多大江大河的源头,是地球上的固体水库。但是,由于全球气候变暖,冰川在退缩,冰盖在消融。据联合国政府间气候变化委员会报告,1960 年到 2000 年全球冰川冰储量减少了 5 000 立方千米。格陵兰冰盖表面消融区面积明显扩大,从 1979 年到 2002 年扩大了 16%。北冰洋在春季提前融化,破冰船可在洋面上航行。南极的融雪期已经延长为 3 个星期。俄罗斯贝加尔湖冬季结冰日期比 100 年前推迟了 10 天。美国蒙大拿州国家冰川公园中的冰川,如果按目前的融化速度继续融化下去,那么到 2070 年就将全部融化。委内瑞拉的一些山顶上,1972 年还有 6 条冰川,而现在只剩下 2 条了。非洲乞力马扎罗山上的冰川由于全球气候变暖在不断退缩,可能在一二百年内全部消融。从 20 世纪 70 年代到 21 世纪初,中国青藏高原冰川面积缩小了 5 400 多平方千米,冰舌退缩,雪线上升。

全球气候变暖的原因有多种,而人类活动产生的大气保温气体加剧了全球气候变暖。温室气体主要是二氧化碳、甲烷、氮氧化物。它们对太阳短波辐射是透明的,而对地面长波辐射是不透明的。也就是说,太阳短波辐射可以透过大气层到达地面,而地面的长波辐射却不能透过大气层射向太空。这样,地面的长波辐射的热量被温室气体吸收并储藏在大气中,对地面起了一定的保温作用。

冰川退缩带来的灾难

冰川与人类息息相关。冰川是许多大江大河的源头,黄河和长江就发源于冰川。冰川的融水可用于开发干旱地区、改造沙漠。中国西北的河西走廊的绿洲就是靠祁连山冰川的融水而形成的。冰川是地球上的固体水库。人类必需的淡水 85% 储藏在冰川中,冰川融水是优质淡水的重要来源。另外,冰川作为固体水库,通过自身的变化对全球水资源进行调节。

冰川对于人类如此重要,但是随着全球气候变暖,冰川退缩将给人类带来巨大的灾难。

冰川退缩在短期内可能会增加冰川径流,给江河提供更多的水量,但从长远来看,冰川退缩是灾难性的,对生态和经济带来不可估量的损失。

冰川退缩会造成水危机。例如,黄河水的主要来源之一是阿尼玛卿山的冰川。由于该冰川的退缩,黄河的水量、水质和周围的生态环境正在受到威胁。位于黄河源头的玛多县,由于冰川径流减少,地下水位降低,草场正在退化、沙化。

冰川退缩会直接引发其他的自然灾害。冰川退缩使冰碛湖溃决,继发规模巨大的洪水和泥石流灾害。2004 年 3 月,阿尼玛卿山西侧发生了历史上最大的一次冰崩,2 649 公顷的草场顷刻间被毁。2005 年 7 月,阿尼玛卿山冰湖溃决,大片牧场和几座桥梁被冲毁。2005 年 7 月 30 日,在波密县古乡境内,冰雪融水引发泥石流,造成护堤被毁,河流改道,国道路基被冲毁,交通中断。

冰川退缩会引起海平面上升,威胁沿海地区人民的生活。2001 年,南太平洋岛国图瓦卢无奈宣布,由于全球气候变暖,海平面上升,他们不得不放弃家园,举国迁往新西兰。

冰川退缩会使得海啸、风暴潮等灾害更容易发生,造成的损失更巨大。

冰川退缩会影响到一些依靠海洋积冰为生的物种,像北极熊、海豹、海象等。

冰川退缩会使埋藏在冰盖下的微生物暴露出来,它们的扩散会严重影响人们的健康。

全球气候变暖还在继续,冰川会继续退缩。人类到了必须对此有所行动的时候了。

北极熊的生存危机

北极熊生活在北极冰雪世界中。它是当今陆上的大型猛兽之一,几乎没有天敌,是当之无愧的北极霸主。然而,由于全球气候变暖,北极熊正面临生存危机。

全球气候变暖使北极的冰层加快融化,北极熊的生存空间越来越小,寻找食物也更困难。为了寻找食物,它们必须长途跋涉,有时要游 100 千米才能捕捉到食物。在觅食的路上,有的北极熊因筋疲力尽而被淹死。在美国阿拉斯加北部沿海,人们在一个月内就发现 4 具北极熊的尸体。由于海面结冰时间推迟,雌性北极熊越来越瘦,使生殖率和幼崽的成活率下降。

全球气候变暖,一方面使北极熊的家园变得越来越小,另一方面其他的某些动物趁机侵占北极熊的地盘。加拿大的一位地理学家在北极地区野外考察时,意外发现了灰熊的足迹。本来,北极熊与灰熊之间互不侵犯,现在,全球气候变暖破坏了它们之间的关系。灰熊的出现,加剧了北极熊的生存危机。

如果人们还是大量排放温室气体,全球气候变暖加剧,那么到 21 世纪末人们还能见到北极熊吗? 那时恐怕人们只能在动物园里看到北极熊了。

"物种杀手"

全球气候变暖使大量的物种面临生存危机。例如,北美的熊果树面临枯死;无刺的仙人掌不再显现绿色,而显现出病态的粉红色。哥斯达黎加 110 种彩斑蛙中,已有三分之二在近 30 年内消失了。在阿拉斯加冻土带解冻后产生的泥浆涌入河流,掩埋了鲑鱼繁殖所必需的砾石，鲑鱼的数量已经降到了危险的境地。北极熊生存的极地海冰再过几十年可能全部消失，那时北极熊有可能跟着消失。

全球气候变暖干扰了生物圈，使大量的物种迁移或蜕变。例如，南非的箭袋树为了躲避越来越热的天气，开始向南迁移。美国加州的矮松鼠正在向海拔高、气候凉爽的高山针叶林迁移。有26种北极鸟被世界自然保护联盟列为受全球气候变暖威胁的动物，其中一半是海鸟，因全球气候变暖而数量锐减；还有一半是陆鸟，因全球气候变暖，海平面上升，栖息地遭到破坏。非洲象因全球气候变暖活动范围缩小。南非的国花帝王花属于普罗梯亚木属，在未来的几十年内，三分之一的普罗梯亚木属植物会消失。北美洲西部的森林由于干旱与热浪的影响而变得很脆弱，大量的寄生植物在这片森林中生长。在已知的5 743种蛙类中，有三分之一的蛙类有性命之虞。生活在哥斯达黎加的金色蟾蜍被迫放弃原来的家园，迁往高山上。

令人担心的是，现在还处于全球气候变暖的早期，这些生物濒临灭绝或远离原来生活的家园，还只是开始。更严重的后果还在后面，再过几十年，100多万种生物很有可能将与人类永别。

"厄尔尼诺"的罪孽

在智利北端与秘鲁交界的阿里卡附近海域曾出现过一幅异常的图景：死鱼漂满海岸，数百万吨鳀鱼悄然失踪，与鳀鱼相依为命的海鸟因失去生命的伙伴也大量死亡，在海滩上留下了大量的残骸。大批的两栖类和甲壳类海生动物骤然惨死，海蜇和其他腔肠动物大量繁衍,海水变了颜色。素以捕鱼为生的秘鲁渔民和鱼粉加工厂的工人濒于失业的绝境,而麦田的收成也因鸟粪骤减而大幅度减产。在秘鲁沿海气候出现异常的同时,澳大利亚丛林却因干旱和炎热而不断起火,土壤龟裂,牧草枯死,牛羊瘦得皮包骨头。而美洲加利福尼亚洪水泛滥;洛杉矶连日暴雨,还出现了一天遭两次龙卷风袭击的罕见现象。在非洲南部则持续大旱,赤地千里,饥饿的灾民面临死亡的威胁。以上是 1982—1983 年全球气候异常造成的惨象。

那么,谁是造成这些地区气候异常的罪魁祸首呢？是"厄尔尼诺"。

"厄尔尼诺"在西班牙语中是"圣婴"的意思,实际上指的是赤道东太平洋海温异常升高的现象。它的出现会对全球天气气候产生严重的影响。

1982—1983 年出现的"厄尔尼诺"使南美洲沿岸的水温比正常高 6～7℃,海水温度升高以后,海面上空的气温也随之升高,正常的热量、水分的动态平衡被破坏了。这种现象持续一年以上,就会使浮游生物死亡,并产生一连串反应,使生态平衡遭到极大的破坏。

1986—1987 年"厄尔尼诺"又出现了。1986 年 12 月下旬,巴西南部暴雨成灾。1987 年初,欧洲、北美洲、亚洲北部连续遭强寒潮和暴风雪的袭击,东西伯利亚气温下降到 -60℃;一向温暖的阿尔巴尼亚南方也下了半米厚的大雪,为几百年来所罕见。1987 年 1 月 3 日到 4 日,位于南太平洋的库克群岛遭受一次特大飓风的袭击,其首府几乎成为一片废墟。1986 年入冬以来,中国大部分地区气温持续偏高,哈尔滨 1986 年 12 月上旬的平均气温比历年同期高 6℃,比 1985 年同期高 14℃;上海 1987 年 2 月 11 日的最高气温高达26.8℃,为近百年来所少见。

"厄尔尼诺"每隔几年出现一次,持续 1～2 年。一个世纪以来,

"厄尔尼诺"已经出现了 15 次。它每次出现,都会对全球天气气候产生重大的影响。1982—1983 年出现的"厄尔尼诺"是 1940 年以来影响最严重的一次,它使世界上四分之一地区受到危害,全世界经济损失达 80 亿美元。

科学家目前正致力于研究"厄尔尼诺"的发生机制。

正在消失的家园

科学家预测,在 21 世纪,由于全球气候变暖,导致海平面上升,世界上有些国家或地区可能被海水完全吞没而消失。其中,最早被淹没的国家可能是马尔代夫。马尔代夫位于印度洋中部,是世界上最大的珊瑚岛,由 1 800 多个小珊瑚岛组成,平均海拔高度只有 1.2 米。

与马尔代夫情况相类似的还有塞舌尔、巴哈马、基里巴斯、图瓦卢等岛;太平洋中的中途岛、比基尼岛、圣诞岛,前景也十分不妙。

大陆上有些沿海国家,地势低平,也面临着被海水淹没的危险,如孟加拉国、荷兰、埃及。

科学家还估计,世界上 200 万以上人口的大城市中,有 28 座城市临海,都将受到严重威胁。例如,美国的迈阿密、意大利的威尼斯、泰国的曼谷、埃及的亚历山大,前景都不甚乐观,很可能从地球上消失。

为什么会出现这种情况呢?这在某种程度上讲是人类自己惹的祸,由于近代工业迅速发展,大量燃烧煤、石油、天然气等,由此排放出的二氧化碳愈来愈多。大气中二氧化碳浓度增加会使温室效应增强,

大气温度将升高,气候变暖。气候变暖会使世界上的冰川加速融化,融化的冰川水汇入海洋,使海平面不断上升。海平面上升的后果之一,就是不少沿海国家和城市将被海水淹没,从此消失。

目前,科学家已提出严重警告,要求大大减少向大气中排放二氧化碳;那些有可能被淹没的沿海城市,需建筑堤岸,或干脆早日搬家。但是,无论采用哪种方法,经济损失或负担都是十分巨大的。

让地球"退烧"的方法

全球气候变暖给人们展示的是一幅令人震惊的画面。那么,面对地球"高烧"不退,人类应该做些什么呢?

全球气候变暖已经是一个国际问题,世界各国都有义务为减排温室气体而作出努力。2005年2月,《京都议定书》正式生效,人类遏制全球气候变暖终于迈出了历史性的一步。截至 2009 年 6 月,已经有 170 多个国家签署了《京都议定书》。

科学家一直没有停止关于遏制全球气候变暖的研究,提出了一些为地球"退烧"的方法。

有人建议把温室气体二氧化碳埋入地下或海底。澳大利亚计划投入 3 000 万澳元,将 10 万吨二氧化碳埋入地下;西班牙也在研究将二氧化碳埋入地下的方法。

有一些科学家根据地球气温与太阳辐射的关系指出,减少接收太阳辐射,就能降低地球大气的温度。他们设想,围绕地球架设太空防护镜。防护镜厚度只有数微米,易于操控,可将太阳向地球辐射的能量部分反射回太空,降低大气的温度。

有一些科学家主张发射四颗人造地球卫星,每颗卫星上安装激光发射装置和激光反射镜。激光发射装置发射的激光组成一张"激光网",将太空中对大气有增温作用的红外线折射到海面上。海水接受红外线后,温度升高,使海面上的大气强烈对流,形成云雨,从而调节大气温度。

有一些科学家认为将海盐送入云中,不仅能使云层更多地将热量反射到天空中,还能抑制雨的形成。雨少了,云层可更多地吸收和反射太阳热量,从而提高地面的降温效果。目前的实验方法是用游艇上的发动机,将海水雾化,让其随上升气流进入云层中。咸化的云层能降低地面附近大气的温度。

美国科学家马丁发现地球上 50% 的光合作用是由海洋中的浮游生物完成的。他认为,如果给缺铁的海域"补铁",让海洋中的浮游生物大量繁殖,使海洋变成一块"大海绵",源源不断地吸收大气中过多的二氧化碳,并大量释放出氧气,就能遏制全球气候变暖。

这些设想新奇、大胆,还处于试验阶段,由于不知是否会产生其他的副作用而饱受争议。但是,不管怎样,这表明人类面对全球气候变暖不再被动应付,而是主动挑战了。

再造伊甸园

《圣经》中有一个故事,说人类的始祖亚当、夏娃生活在一个名叫"伊甸园"的乐园里。后来,他俩因偷吃了园内的一棵"知善恶树"上的果子,被上帝逐出了伊甸园。上帝派出天使,守住通道,再也不让后人去寻找他们,从此伊甸园也消失不见了。

当然,传说中的这座伊甸园是不存在的,是人们虚构的一个地方。但是,在人类漫长的文明发展史上,确实有过一座"伊甸园"。这座伊甸园就是幼发拉底河和底格里斯河流域的美索不达米亚大平原。几千年以前,这里气候十分温暖,雨水充沛,森林茂密,草原葱绿,农业十分发达。在这种气候环境中,孕育了灿烂的古代文明,成为世界四大文明的发源地之一,举世闻名的巴比伦古国就诞生在这里。

可是,如今的两河流域变成了另一番景象:雨水稀少,气候干燥,肥沃的土壤被不断发生的风暴刮走,变成了茫茫的沙漠;植物稀疏,农业生产无法进行;世代居住在这里的人们不得不迁往异地,光辉灿烂的古代文明被湮没,人间伊甸园从此消失。如今,这里成了世界各国考古学家进出的地方。

是什么原因导致这座人间乐园的消失呢?在古代,居住在这里的人们为得到更多的耕地,过度地砍伐森林,绿色的植被被毁

183

花园国——瑞士

100多年前的瑞士

坏，改变了这里的气候，同时降低了蓄水能力，长年累月，使连绵起伏的沃野变成荒芜的不毛之地。

当人们知道伊甸园消失是大自然对人类的报复之后，终于醒悟了。

人类是大自然的主人，一座伊甸园消失了，人们完全可以再造另一座伊甸园。100多年前，瑞士还是一个穷山恶水的地方，如今已成为世界闻名的花园国；过去的澳大利亚是个荒凉的世界，如今牛羊遍地；非洲西北部大西洋中有个加那利群岛，50年前还是一片荒芜之地，如今已被人们改造成为世界上很有魅力的旅游胜地。